简单
儿童心理学

Simple child psychology

[俄] 萨吉亚 · 达斯◎著
郑琴芳◎译

民主与建设出版社

· 北京 ·

© 民主与建设出版社，2021

图书在版编目（CIP）数据

简单儿童心理学 / (俄罗斯)萨吉亚·达斯著；郑琴芳译 . -- 北京 : 民主与建设出版社，2021.9
ISBN 978-7-5139-3675-0

Ⅰ . ①简… Ⅱ . ①萨… ②郑… Ⅲ . ①儿童心理学
Ⅳ . ① B844.1

中国版本图书馆 CIP 数据核字（2021）第 155041 号

@ 2020 Сатья

This edition is published by arrangement with AST Publishers Ltd.
The simplified Chinese translation rights arranged through Rightol Media
（本书中文简体版权经由锐拓传媒取得 Email:copyright@rightol.com）

著作权合同登记号 图字：01-2021-5052

简单儿童心理学
JIANDAN ERTONG XINLIXUE

著　　者	[俄罗斯]萨吉亚·达斯	
责任编辑	郭丽芳　周　艺	
策划编辑	张意妮　赵　莉	
封面设计	平平 @pingmiu	
出版发行	民主与建设出版社有限责任公司	
电　　话	（010）59417747　59419778	
社　　址	北京市海淀区西三环中路 10 号望海楼 E 座 7 层	
邮　　编	100142	
印　　刷	天津旭非印刷有限公司	
版　　次	2021 年 9 月第 1 版	
印　　次	2021 年 9 月第 1 次印刷	
开　　本	880 毫米 ×1230 毫米　1/32	
印　　张	7	
字　　数	110 千字	
书　　号	ISBN 978-7-5139-3675-0	
定　　价	46.80 元	

注：如有印、装质量问题，请与出版社联系。

现代教育与古代教育有何不同？现代教育是基于这样的假设：孩子是一张白纸，我们可以根据自己的标准来进行描绘，即父母可以根据自己的构思来塑造孩子。

印度一个古老的教育理念是，每个孩子都是带着自己的业力和某些特质，及其独特的命运降临世间的。父母并不是依据"我可以按照我的意愿塑造孩子"这个原则去养育孩子，而是要看到孩子的先天趋势，包括积极和消极的趋势，以此帮助孩子努力培养积极的素质，并设法以某种方式阻止消极趋势的发展。

在这本书中，我想谈一谈如何做到这一点，以及这样做的原因。因为我确信：幸福的童年，幸福的孩子，幸福的父母，这些都是基于上述理念教育的结果。如果每个家庭都根据这个理念进行教育，他们就会得到幸福。

通常，无论男性还是女性，我们所有人都渴望孩子。但是在孩子们的成长过程中，总会出现一些问题。孩子们年龄越大，麻烦就越多——这也正如谚语所说："小孩子等于小麻烦，大孩子等于大麻烦。"

我们都有这样的幻想——随着孩子年龄的增长,问题将会消失。但是事实证明,问题只会随着孩子们的成长而变得更多。接下来就让我们找出这种情况的成因以及可采取的对应措施。

父母与孩子建立亲密关系需要遵循一定的规则,这样,父母和孩子都会在相互陪伴的过程中变得更加积极。在抚养孩子的过程中体会到幸福,这意味着什么?这意味着孩子们都会喜欢上父母。父母从早到晚陪着他们,想:"上帝,多好的孩子们啊,我太幸福了!他们会很快长大吗?我儿子今年15岁,再有三年,他就要完全独立了,到时候我该怎么办呢?我迫不及待地想要见到我的孙辈们,因为孩子们太棒了!"

但是在现实生活中,这种情况通常不会发生,现实中更多的是父母对孩子大喊:"我把你养大,为你祈祷,但你,眼睛只盯着你的电脑看,考试也不及格!"

每个家庭都会有各种各样的育儿问题,并且孩子的问题常常比夫妻间的问题更加严重。为什么呢?因为孩子和父母的关系是伴随终生的,不能通过离婚来断绝关系。

在古代,没有离婚制度,因此夫妻关系的发展原则与父母和孩子关系的发展原则一致,夫妻不能和对方说:"我不想和你一起生活了,请你离开。"无论发生什么情况,夫妻只能互相忍受。而现代的人们更加自由，如果对自己的配偶不满意，可以随时提出离婚。

你不能对孩子说："你太让我伤心了。你已经14岁了，你简直让我无法忍受！我再也不想见到你。所以，你走吧，我不想再和你说话，赶紧离开我家！"然后再对另一半说："瓦西亚，你看，我把这个怪胎赶出去了！"他回答："从他9岁的时候，我就一直想把他赶出去。亲爱的，你做得太棒了！"

这样的情景在现代根本不可能发生，相反我们会努力与孩子建立关系，绝不会轻易放弃。出于这样的原因，我们教育孩子的错误会更多。例如，在与配偶的关系中，我可以说："是的，我们当时太年轻了，也太愚蠢了，做错了一些事情。"同样的话你不能对孩子说，否则会显得很荒谬："是的，我们很蠢——我像父亲一样愚蠢，而你像儿子一样愚蠢。"

在父母和孩子的关系中，不能让孩子承担和父母相同的责任，使43岁的父亲承担一半的责任，而10岁的儿子承担另一半责任。亲子关系的好坏，责任完全由父母承担，因为父母不可能像孩子一样"愚蠢"。严谨的法官永远不会说："你这个小男孩，由于你无法与父亲建立关系，也需要承担一半的责任。"不，在抚养孩子的每一个阶段，父母都理应承担百分之百的责任。

不幸的是，我们的教育观念通常完全建立在刻板印象上，而这些观念从心理学的角度来看是根本行不通的。但我们依然试图将这些陈旧观念用在教育孩子上。

个人榜样和教育

事实上，很多时候孩子只是不加思考地模仿父母的所作所为。

我们都记得自己童年的经历，我们的父母经常因为不叠被子和考试挂科之类的事情而责骂我们。听着这些话，作为孩子的我们无动于衷，打心眼里对这些说教感到厌恶，甚至他们的话还会起反作用，我们会做出截然相反的叛逆举动。事实上，在微妙的层面上，我们的任何反应都只是在模仿我们的父母。

父母给孩子起到了很好的榜样作用。即使孩子认为"我不想和我的父母一样"，事实上，长大后，他的习惯和性格都可能变成父母的翻版。这就是为什么我这样建议女孩们："如果你想更好地了解自己未来的丈夫，就去了解他的父母，看看他的父母的交往方式，因为在他的未来很可能和他父亲一样。"

我向男孩们提出相同的建议："如果你想更好地了解未来的妻子，请观察一下你的岳母。你的妻子将来也很可能会变成这样。"

当然，孩子和父母之间总会有一些差异，但一些基础特征总是代代相传的。

这种情况可以改变吗？有可能，但非常困难，因为我们很难打破家庭教育的桎梏，因此，了解父母的教育规则非常重要。

实际上，孩子需要的不是长大，而是被爱。但这并不意味着让他们像田间的野草一样生长。要正确去爱孩子，就必须在"爱"这个概念中加入一些知识。

我曾经和一位女士谈话，她说：

"我真的很爱我的孩子。"

"我也爱我的孩子。你是如何表达你的爱的？"

"我为我的孩子付出了一切。他有最好的英语老师，他进入了最好的补习班和学习小组。"

"你的孩子多大了？"

"两岁半。"

"为什么你的孩子在两岁半时需要这些东西？"

"因为他必须为人生做好准备。"

想象一下，一个在两岁半就需要背负这么多任务的孩子，他甚至都没有时间去玩，去做自己年龄该做的事。为什么会这样呢？因为我们并不知道该如何正确地教育孩子。

所以，这本书除了要探讨我们该如何教育孩子，更希望引起大家的思考：我们该如何正确地爱孩子？

什么样的父母拥有快乐的孩子？

谁不想让自己的孩子过得充实、快乐呢？为了让孩子充实而快乐，父母需要自己先过得充实而快乐。

那些觉得自己不幸、沮丧、有自杀倾向的父母，是不可能拥有快乐的孩子的，他们自己生活在水深火热中，过着没有意义的生活，也不可能让孩子拥有充实、快乐的童年。通常情况下，如果父母不合格，孩子很难正常、茁壮地成长，他们的身、心都会受到伤害。缺少父亲或母亲其中任意一方的有效陪伴，孩子得到正常教育的难度就会大大增加。

我认为只有生活充实、彼此相爱的幸福父母才能培养出正常的孩子，你可能会说这个观点太绝对，世上没有完美的父母，每个人都或多或少有一些坏习惯。但我们需要明白的是：不管你的家庭现状如何，教育孩子最快的方式还是父母先教育自己。只有将孩子养成正常、稳定、心理健康的成年人，我们才能称为合格的父母。

01

每个孩子都是独一无二的

02

毁掉孩子自信的 30 个雷区

03

那些看起来小却会影响孩子一生的问题

每个孩子都是
独一无二的

01

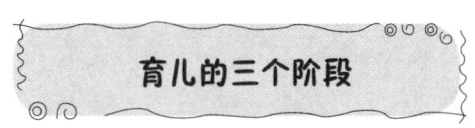

育儿的三个阶段

教育孩子分为三个阶段，这里我用"关系"来代替教育。

我们可能会错过这三个阶段，也可能从一个阶段直接跳跃到另一个阶段。这三个阶段其实并没有明显的区别，就好像你担任某个职位很长时间，每天的工作就是守着办公室发呆，每个旁观者都对你指指点点，而你却毫不知情。你像以前一样上班，做力所能及的工作，但实质上一切都已经改变。

不幸的是，与儿童的关系中也经常发生类似的情况。

从一个阶段到另一个阶段的过渡，即所谓的令人头疼的"儿童过渡期"，孩子们会出现一些严重的问题。是谁导致了这些问题？孩子们吗？

不，是父母。因为他们要么没有意识到孩子在每个阶段都会有过渡期；要么就是直接无视过渡期。

这些阶段到底是什么呢？

◎ 第一阶段　从出生到5岁——国王

在这个阶段，孩子像"国王"一样被抚养长大。当然，他没有权力处决您，向您征税，等等。但是，在生命中的这个时期，孩子具有真正的皇家风范——国王不愿听到的任何话，他也不愿听到。国王最不喜欢听到什么？就是"不"。5岁以下的孩子是不明白"不"的含义的。5岁以下的孩子不具备分析能力，"不"这个字与他们无关，他们也无法理解为什么有些事情是不能做的。

如果不断有人告诉他们："你不能这样做！"或"你应该怎么做""你做得不好"，等等，他们很难用正常的思维方式来理解。反之，他们会得出结论："妈妈是个刻薄的人，而我是坏孩子。妈妈不爱我。"

这就像你又一次批评你伴侣的厨艺："你做的是什么？这不是罗宋汤。这也不是米饭，这简直是一团胶水！"你觉得你的伴侣会怎么想？对方会说："是的，亲爱的，我做得太差了。"然后在以后的生活中改正吗？不，这样的情况大概率是不太可能发生的。

有的人当然可以假装成这样低声下气的样子。但实际上，对方可能会在心里想："这个人根本就不爱我。只有一个不爱我的人才总这样批评我。"正常情况下，对方会对这种言语攻击做出反应并且立即开始反击，尽管对方自己也知道，罗宋汤今天确实做得很糟糕。当一个人被告知他错了时，作为回应，他会开始积极地反击。因此，一个聪明的男人永远不会告诉女人她错了。同样，也不能告诉孩子他错了。

那么面对孩子做错事情该怎么做呢？你只需要让他把注意力转移到另一件事情上，没必要向他解释他做错了。你只需要跟他说："好孩子是不会这样做的。"孩子自然会对这个事实感到惊讶："怎么才能不这样做呢？为什么好孩子不这样做呢？好孩子会怎么做呢？"

父母没有必要对孩子大喊大叫，比如："住手！不要拿钉子捅插座！"那这种情况下该怎么办呢？——这个问题来自一个好奇的读者。我反问他："为什么你的孩子可以接触到钉子和插座？这是谁的责任？一个探索世界的3岁小孩吗？"

又或者，你的孩子想从窗户爬出去。你要向孩子解释为什么这样做是不对的吗？你会说："你在窗台上爬，可能会从楼上跌下去，我们可是住在十四楼呀。你为什么不明白这一点，你都爬了一整年了，你为什么这么傻乎乎的？"

孩子根本不能理解你的话。因此，不让孩子有机会接触插座和爬上窗户这是你该做的。

你不需要告诉他："这些药是有毒的，别吃！"你只需要将药物藏在任何情况下孩子都不会得到的地方。你不应该这样说："天哪，你已经4岁了，你怎么还在喝这个东西！"你只需要把家里的化学用品放在很高的地方。作为父母，你要明白造成潜在危险的不是孩子，而是放任这些情况发生的你。

又或者这个几乎每个父母都会遇到的经典情景：孩子在商店里发脾气："我想要冰淇淋，我想要棒棒糖！"我们都知道棒棒糖只是哄小孩子的，对孩子没有什么益处。但是营销人员花了数百万美元把棒棒糖设计成孩子喜欢的样子，目的就是让孩子看到它就想拥有它。试想如果你不打算买糖果，孩子会不会躺在地上耍赖？还是，你认为自己比一千名营销人员更聪明，能让孩子明白你不会去买它的原因？我对此表示怀疑。

玩具也是一样。对孩子来说，去逛儿童商店就意味着可以自己随意选择自己想要的任何东西。但如果你是坚守自己的原则、毫不在意孩子想法的家长，带孩子到儿童世界却对孩子说只能看不能买，这就像你在孩子的面前放了一大堆巧克力，然后说："只要你敢拿起一块，我就会打你的手。"让孩子坐着看着这些巧克力，口水直流，跟自己的欲望作斗争。

对于5岁以下的孩子，不应该说"不"这个字，也不应该禁止任何东西，父母只要做到确保孩子不存在任何导致生命危险的情况。

父母该如何保护孩子？那就是随时关注孩子的行为，让孩子远离任何可能会让孩子陷入麻烦的环境。

在孩子5岁之前，必须给孩子足够的爱和宠溺。没有必要过多责怪孩子的不懂事，而应该让他充满知识，爱惜他，因为这是他在世界上唯一一段无忧无虑、绝对快乐的时光。

5岁以后才被爱的孩子在童年时期是很难相信奇迹的。如果一个5岁以下的孩子没有发现过神迹，他在长大后就会更难发现生活中的美好，去相信别人。

孩子们理解的奇迹是什么？就是当他们打开冰箱时，发现美味的食物，不会有人跟他们说父亲在造船厂工作有多么辛苦，也没有人像一些母亲经常做的那样用悲惨的声音告诉他们："我整天都为你忙前忙后。"

有的不满5岁的孩子就已经开始承担责任了，因为父母把消极的情绪灌输给了他。

父母在任何情况下都不应该惩罚5岁以下的孩子。我必须再次强调：永远不要打孩子！体罚是一种野蛮的行径，诸如父亲用皮带打孩子的做法，起不到任何教育作用。我从未打过我的孩子。在我儿子5岁时，有一天妻子突然叫我："快点过来，孩子他爸，你必须惩罚你的儿子，他总是胡作非为，竟然拿着磁铁在电视上画画。"

于是我过去了，抽下皮带开始训话，不过当时的场面有点儿戏剧性。

"过来，儿子，我现在要惩罚你。"

他站起来回答说："爸爸，你不应该这样做！"

我和妻子开始大笑，"体罚"就此结束。最终他答应会听我们的话，从那时起，我就再也没有任何理由体罚他了。当然，我在抚养我的弟弟们时（我有这样的经历），对儿童心理学了解得比较少，我会用吸尘器上的软管揍他们。他们仍然记得这件事，并且想等到我老了以后他们赡养我时再"报仇"。

5岁之前的小男孩和小女孩不应当受到任何惩罚，只需要被爱。对他们来说，拥抱、亲吻、喂饭，无微不至的关照和童话故事，这些才是必不可少的。当然，必须是父母亲自给孩子讲童话故事。不要像某些人那样强迫孩子从小学习字母并自己看书："你真是笨，你已经4岁了，居然还不懂字母！连自己看书都不会，你简直是家庭的耻辱。伊万诺夫家的玛莎3岁时就会自己看书了，你真是个白痴！"这么做是不对的。孩子需要的是坐在母亲旁边，被母亲抱在怀里，听母亲讲童话故事。这样孩子才会感到："我被爱着。"5岁以前的孩子需要的只是被爱。家长可以等孩子到了5岁之后，再开始通过游戏的方式教授他们技能。

其实我认为不应该在孩子上学前，教他们任何东西。家长不需要有这样的想法："我们的学校有这样的要求，孩子到了一年级就应该具备独立做很多事情的能力。"如果孩子已经知道了怎样阅读和写字，那还要学校干什么？如果非这样做不可，那学校就应该说："把已经受过教育的孩子带给我们！"

没有必要让这么小的孩子学习一大堆知识。不少父母在孩子5岁前就开始焦虑，以至于孩子被迫在3岁时就会读书，在4岁时就会说英语，甚至在上学之前就已经掌握了勾股定理和元素周期表。这真的很奇怪，而且完全没有必要。孩子在童话世界中停留的时间越长越好。人是没有办法再回到童年的，所以不要过早剥夺孩子的童年。

等到第二阶段，即5岁到14岁，再让孩子开始学习。

◎ 第二阶段　5到14岁——学生

"学生"意味着什么？意味着在这个阶段，孩子开始理解一些概念了，例如他们会去分辨"谁是谁"，或者去比较"什么是好，什么是坏"。此时，孩子的脑海里某种结构已经形成了，虽然我们对这种结构尚不了解，但这给了他们学习的能力。也就是说，父母可以成功地向孩子传达一些信息了。所以这个年龄段，正是教育孩子们不应该做什么、应该做什么的时候。他们会理解这个世界如何运作。他们会明白，这样做和那样做所带来的不同后果。

但是，如果想要让孩子听话和接受新事物，就依然不能停止爱他们。5岁到14岁的孩子不是部队的士兵，不需要通过高强度的训练去学什么技能。而且，孩子们也无法一次性记住那么多信息。

现代学校的特点之一，便是我们无法记住学习过的全部信息，也没有人能记住学校里发生的一切。有些家长一周六天，每天六小时不停地给孩子灌输信息，结果孩子能记住的东西依然很少。所以家长在教孩子时，千万不要犯这样的错误。父母必须明白，这么大的孩子还不能完全理解某些道理。

积极教育的重要原则

你在给孩子每一条建议时，都要将爱意充分表达出来。当然，不用十遍百遍地对孩子重复"我爱你，我爱你"，但要经常肯定孩子的成绩，他们需要经常被夸奖。男孩子在取得了什么成绩、做了什么好事时，需要被表扬；同样，女孩子更要得到表扬，因为女儿是父母的小天使。当有了强大的爱做后盾时，孩子才会接受指导。

如果孩子犯错了，该怎么批评他？这种情况我们显然需要对孩子说点什么，但我们肯定不能说："你是最棒的，你是最聪明的。"这时候，我们真正需要的，是纠正他的行为。

该怎么做呢？不防表扬十句，批评一句，这样孩子不会因为被批评而觉得父母不爱他。因为这时候责备他好比做外科手术切开创口前，给病人打麻醉剂。这时，孩子会想："他们昨天爱我，前天爱我，一直都爱我。现在他们说了一些我的坏话，可能也是出于爱，或许我真的做错了什么，爸爸妈妈是爱我的，他们不会给我不好的建议。"

孩子总是需要过一小段时间才能意识到自己的错误并加以改正。

如果父母只关注什么是错的，那么就不要对孩子的糊涂感到惊讶，这是父母自己造成的，值得反思。在这样的教育方式下长大的孩子，以后无论尝试做什么，总是容易失败，因为他们从小就被灌输了自己一无是处的印象，要改变他们的这种状态是非常困难的。但也存在一种情况，如果这样的一个男孩长大以后遇到一个通情达理的女人，是可以获得帮助从而改变的。

男人情绪低落的时候，女人能拉他一把，但反过来却不行，所以最好不要让女人不开心。一个欧洲国家做过一个有趣的实验，研究人员通过全方位拍摄的方式，记录了一个家庭里父母和8岁孩子的一天。在分析了各个角度的视频之后，研究人员做出总结，在过去的24小时内，孩子的妈妈大约呵斥了他80次，小到叫他："快起床！坐下！赶紧洗脸！进去！转过来！"

大到严肃的警告，比如："不许欺负女孩子，因为她们更弱小。"
猜猜看，他们在一天之内表达了多少次爱意呢？一次也没有！
数一数，如果妈妈按照我们的建议行事，会说多少次"我爱你"
呢？800次！毋庸置疑，谁都不可能会在一天内说那么多次
"我爱你"，这确实太多了；但是比起大人指责孩子的次数，这
可一点也不算多。

我们总认为必须一步步地指导孩子，让他们获得的知识越
多越好。但事实上，孩子不需要知道那么多词语。家长只需教
给他们一些简单又高质量的信息和知识，这样他们才可能完全
理解，而且，他们还需要有良好的情绪来充分吸收这些知识。

我在教小学生人际关系这门课的时候常用一种方法。我最
有趣的学生是一年级和三年级的孩子，他们坐在桌子旁，女老
师问道："孩子们！让我们问萨吉亚叔叔一些他可能答不上来的
问题吧？"孩子们马上喊道："太棒啦！"然后开始提五花八门
的问题。这个年纪的孩子会问一些让我束手无策的问题，比如：
蝙蝠侠和普京谁更厉害？皮球和月亮哪个更圆？皮卡丘和蜘蛛
侠打架谁会赢？为什么没有第五只忍者神龟？你可以猜猜我会
怎么回答他们这些问题。当然，为了让他们开心和觉得有趣，
我不会给这么小的孩子讲什么枯燥复杂的东西，只要他们开心
大笑就好。

那我的任务是什么呢？讲40分钟的笑话？不，我要给他们讲一些知识。我一直在仔细地观察他们，等待合适的时机。我有很多话对他们讲，我可以讲一整天的课，我一年总共讲400多节课，包括给七八岁小孩讲课。但我知道只给孩子们讲知识他们是记不住的，因此我会在聊天的时候等待时机，讲一些让他们开心的事。因为孩子们(不仅仅是孩子)大笑的时候是不受大脑主观意识影响的，也就是说我们接受的信息不会被过滤，这时候人处在满足、平静的状态，一旦有知识进入了大脑，就会永远留在那里。显然，如果这时候给他们一两个建议，他们很容易就会接受。一周之内，他们可能会接受6~12个想法，那一个月就有24~48个，一年就有240~480个，10年就有4000多个了。我可以肯定地告诉你，没有人能把这4000条智慧的建议从孩子头脑中抹去，学校也不能，因为学校老师告诉他们的一切，都相当于背景音。比如，家长对8~10岁的孩子进行说教，对孩子来说就好像是空调在嗡嗡作响，他们接收到的信息是——爸爸妈妈在"嗡嗡嗡"。

这时你问孩子："你听见我说话了吗？"

"听着呢，看不出来吗？"实际上孩子早把你的话当成了耳旁风。

我们总是忘了自己小时候也是这样，听不进家长的说教。

在这一时期的儿童教育中，还应注意一个要点。在孩子 5 岁到 14 岁的阶段，聪明负责任的父母会给孩子设定可控制的难题，而不是直接替孩子清除所有的障碍。慈爱的父母总是试图让自己的孩子远离任何问题、责任、工作，但这是不对的。孩子们需要在成长过程中自己克服困难，尤其是男孩子。女孩子可以稍微经历一些阻碍，但不要给她们设置过多困难，女孩子更需要被宠爱，爱她们就足够了。

童年没玩够的小孩子长大会怎样

我们还需要知道一点，在这个时期，孩子必须通过游戏来感知世界。5~14 岁之间，孩子必须有足够的时间玩耍，游戏可以培养孩子不管结果怎样都热爱生活的能力。这是一项非常重要的素质，如果一个人做不到这一点，精神上会非常痛苦。

从心理学的角度来说，人在精神上很难接受糟糕的结果，所以如果我们从一开始就为了结果去参与，一旦别人赢了，自己就会崩溃。而事实上，我们记忆中的大多数，是追求结果的过程，而非结果本身。

如果一个人在童年时期没有足够的娱乐，那么，即使将来取得了很大的成就，他也无法从中感觉到多少快乐。没有享受过游戏的人永远不会对结果满意，因为结果往往和他想象的不一样，所以对他来说整个世界是充满未知的——他要怎么做才能在这样的世界里生活下去呢？

这种人不会和别人分享自己的成果，他们也很难放弃自己所取得的成就。没玩够的男人做了丈夫后，往往会成为自私的笨蛋，陷入精神上的死胡同——不论是快乐还是悲伤他们都憋在心里，不会向别人诉说。如果不会分享，无论取得多大的成就，人都没法感到满足，甚至还会导致精神上的痛苦。人的天性总是试图寻求平衡，所以小时候没有玩够的男人到了20~25岁会开始以这样或那样的方式补回来。

让孩子玩很重要，因为对孩子来说游戏不是做戏，他们是真的以为自己生活在游戏里。对于孩子来说游戏是很严肃的事情，他们在游戏中投入的情感比在现实生活中还多。因此不要漫不经心地说"游戏很幼稚"。有人说，爱因斯坦的相对论和孩子们的游戏比起来算不了什么。只有在游戏里，孩子们才可以用树叶买汽油，这在他们的世界是合理的，让他们在这种状态里待得越久，他们就越快乐。我们前面已经说过，如果孩子5岁前不是"国王"，长大后就很难接受神迹的存在，因为他们没有见过奇迹。正如孩子若从小被告知没有免费的糖果，那么长大后他们也不会相信有白白得来的爱。

让你的孩子尽情玩耍吧，因为不管孩子愿不愿意，从7岁到14岁他都得去上学，在那里他所有的活动都是为了成绩。不过最先进的教育体系是建立在游戏上的，华德福中学根本不会给学生打分，也从不布置家庭作业，孩子们开心地玩耍并且在游戏的过程中学到了出色的技能。

"国王"到"学生"过渡时期的常见错误

在孩子从"国王"到"学生"的角色过渡期，父母会犯什么错误呢？父母常常意识不到，当孩子成长到第二阶段后，就不可以再当"国王"，否则会产生严重的问题。比如有些家长颠倒顺序，在孩子5岁之前过度灌输知识，到了5岁以后，又反过来放任孩子——按照日本模式培养孩子，孩子想干什么就让他们干什么。

关于日本育儿模式我知道一个老掉牙的故事。一位女士带着她的孩子乘坐列车，这个孩子把其他乘客折腾得苦不堪言，但孩子妈妈却对此毫无反应，乘客们请她管管孩子，她答道："请住口，日本模式培养孩子是没有束缚的，他们可以做任何事，你们不清楚就不要插手，真没礼貌。"这时后座一位戴耳机的大学生站了起来，走到这个烦人的母亲面前，吐出嘴里的口香糖粘在她额头上，所有乘客都笑了起来。妈妈震惊了。只听学生说道："我也是在日本模式下长大的。"然后学生便下了车。

这种对待孩子的态度，首先会对孩子自身造成伤害。我接触过一个例子，一个妈妈说："我的孩子已经29岁了，还像个国王！"

我问："那他有什么问题吗？"

"几乎没有，呃，有一点点吧。他单身，不想找工作，整天玩电脑游戏，经常喝可乐、吃甜甜圈；此外也就没什么问题了。"

看来这孩子确实是"国王"，虽然谁都会梦想着整天坐在电脑前玩游戏，但是都29岁了还是个"国王"似乎不太正常。

但下一个过渡期——14岁以后，还有一些更让人遗憾的错误。

◎ 第三阶段　14岁以后——朋友

这个阶段的孩子应该被父母当成"朋友"对待。大约从14岁开始，父母就应该意识到孩子已经长大了。正常情况下，家长为孩子解释道理和灌输知识的任务，此时应该已经完成。就算还想继续在这方面投入努力，也已经太晚了，很难再让孩子产生什么改变。14岁以后家长的任何说教都会被反驳，为什么？因为孩子长大了。

实际上孩子14岁以后是最复杂的阶段。

在"国王"或者"学生"阶段，我们可以力所能及地照顾他们，给他们讲解知识，但我们却完全无法将孩子当成朋友，也理解不了他们。我们的朋友怎么会在尿布上小便，怎么能在4岁的时候把猫扔出窗外，怎么会做这么多蠢事？

"孩子是朋友"究竟是什么意思？他们真的可以做父母的朋友吗？我认为不太可能。但是父母必须用与真正的成年友人说话时的语言和口吻，跟孩子说话。

想象一下，你和朋友去某个地方，住在同一个酒店房间，他今天早上没有整理床铺，你很生气，你会和他说什么？你会试图用一种委婉的方式，这样他不会难受，也不会骂你。如果换成自己的孩子，你又会说什么呢？你会命令他把床收拾好，而不管他怎么想。但和你的朋友一样，命令的语气会让孩子感到难受。

不知道为什么，我们总觉得我们的孩子是士兵，我们的任务是不断地训练他们。这是我们最大的错误，你必须明白：**你能为14岁以上的孩子做的最好的事，是当你们之间出现问题的时候让他一个人待着。**

假设孩子在5岁之前不是"国王"，5岁到14岁是奴隶而不是"学生"，14岁以后也没有变成父母的"朋友"，最后会怎么样？孩子会从父母身边逃走。嘲笑和逼迫是对孩子的情感侵略。5岁之前的孩子被这样对待会用哭来回应；5岁到14岁的孩子会生气、沉默、自闭；14岁以后孩子就会开始顶撞父母，这时父母会觉得孩子的青春期已经开始了。

青春期叛逆是伪命题

青春期叛逆的说法其实是一个伪命题。当然，青少年的荷尔蒙分泌会增加，但是孩子们出现逆反心理，真正意味着的，是受到成年人嘲弄和逼迫的孩子们最终学会了反抗、反击和自我保护。

如果孩子在14岁之前遭受过情感侵略，那么14岁的时候就有可能经历"荷尔蒙爆发"，或者孩子会默默地成长到有力量进行反抗的年纪。在这个阶段，身体强壮的男孩很可能会在父亲逼迫他们时还手，当然只是给一拳，而父母们只把这归咎于荷尔蒙爆发和青春期。

人们称青春期为成年过渡期，因为孩子突然出现以前从未有过的状态。你希望青春期叛逆随着年龄的增长而消失，但事实上，只要问题不解决，孩子早晚有一天都会进入青春期叛逆。

我建议父母不要逼迫孩子，而是好好培养孩子，让你们所爱的孩子远离这些问题。

当孩子学会顶嘴时，他的下一步就是试图逃离父母，不要意外。如果你16岁的孩子想要去某个偏僻的地方学习某个完全陌生的专业，或者你15岁的孩子想要去异国某个糟糕的技术学校学习，你可能会想："我是从下塔吉尔来到圣彼得堡的^①，而他却想离开这里去某个不知名的鬼地方，他为什么要这样做，为什么？"

他这么做只有一个目的——离开你。因为你是他生活的侵略者，他受够了，他需要远离自己不正常的父母，所以想要去远方。

孩子们应该在他们住的地方上学，当然，前提是家庭所在地有学校，而且也不在摩尔曼斯克的偏远山村。但即便如此，没有受过逼迫的孩子也会经常和父母联系，爸爸妈妈总是可以知道孩子在哪里、在做什么。不为接受教育，只为逃离父母而离家的孩子们，来到粗野的地方、可怕的宿舍，可能会学习喝酒、抽烟、骂人和打架，因为在那里他们只有两种选择——要么融入，要么被欺凌。

女孩子逃到乡下的公共宿舍，意味着她做出了最糟糕的选择，年轻的女孩子实在不应该将自己的青春浪费在逃亡里。也许你会说，女孩离开家去了技术学校，那里有她的叔叔或亲戚帮忙照顾。但你要知道，让当地的叔叔照看她几乎是不可能的，她每日住在学校宿舍，而叔叔也许半年才会想起有个侄女住在

---

① 下塔吉尔为俄罗斯斯维尔德洛夫斯克州下辖的一个工业城市，圣彼得堡为俄罗斯第二大城市。——译者注。

附近。

我说住集体宿舍对女孩子不友好，并不是想批评住在那里的人。我自己也住过宿舍，所以我很清楚宿舍里情况如何，父母们一定也不陌生。我想表达的是，我们不能把孩子扔在宿舍任人欺负，尤其是女孩子，绝对不行。有些女孩儿会因此变得自卑和抑郁，甚至未来父母还需要到处找医生为她治疗抑郁症。

女孩比男孩更有可能出走，可能是为了离家读书，也可能是为了嫁人。如果16岁的女儿爱上了某个骑摩托车的男人，最后还嫁给了他，这意味着这个可怜的女孩在父母那里受到了折磨。也许等她到了36岁，父母到了58岁的时候，亲子关系能得到修复，但这种好事可不一定会发生。这样的女孩结婚之前就已经是心理诊所的顾客了，有时丈夫会试图解开这个结，但此时他自己也一样不"正常"，因为他们是在同样的寄宿学校里相识的，他自己也有心结。如果两个缺少家教、缺少父母关爱的孩子试图成家，会得到什么结果呢？他们会得到幸福的家庭、富足的生活，生下孩子，一家人相亲相爱，相互亲吻称呼对方"我的太阳""亲爱的"吗？当然不会，这个家庭只会发生"世界大战"。他们的人生本不该是这样，而这一切都始于童年。如果你不在每个阶段做该做的事，就会不可避免地出现这样或那样的问题。想想你十几岁时，当你父母不把你当朋友时你的感受，不要重蹈他们的覆辙。

必须把14岁的孩子当成朋友。我有过一个学生，非常有个性，当他第一次来上我的课时，我问他："你怎么了？"

他回答道："我和孩子们都有点儿问题。"

"什么问题？"

"我说什么他们都不听，我们这种对立状态已经很久了，我和他们说话，他们就说'滚开，别管我们'。"

我问他孩子多大了，心里猜测他们应该只有10岁或者12岁吧。

结果他回答："25岁和27岁。"

我对他说："听着，朋友，你不觉得你对孩子的教育迟到了12到13年？"

"我怎么迟到了呢？我是他们的父亲啊。"

"他们从14岁开始就该是你的朋友了。"我说道。

"但我们是像朋友一样啊。"

"你看，我们是朋友，如果我开始对你说教，告诉你该穿什么、该吃什么、该怎么想，你会怎么做？"

"我会让你滚开。"

"你看，他们也是这样打发你的。"

"但他们是我的孩子！"

"不，你确定一下，你是不是他们的朋友？"

他烦恼了很久，终于选择放开自己的孩子。他开始高兴地来上课，事实也证明：他的孩子没他以为的那么差。他遵照以下原则，像和其他成年人一样开始和他们做朋友：想知道孩子近况，就问问对方最近好吗；知道了，看看能不能帮上忙；帮忙了，他们没问别的，那就闭嘴。事实证明，他的孩子是有自己兴趣爱好的成年人，完全正常，而且再也不会让他滚开了。

如果你的孩子已满14岁，请成为他的朋友；如果你的孩子已满5岁，请确保他成为一个姿态端正的学生；如果你的孩子刚出生，请别忘了，他是"国王"。

有人问我应该如何在不同的育儿阶段之间实现过渡，如果孩子突然从"国王"变成"学生"，会不会感到无所适从？

别担心，这种转变不会突然发生。孩子一满5岁就砰的一声变成"学生"？或者在儿子14岁生日的时候，老爸带着他一起抽"白海运河"①，然后像两个朋友一样一起喝酒聊天？当然不是。

过渡期是循序渐进的。在我的孩子满13岁的时候，我和他开始成为朋友，我一直偷偷地为这件事做准备。问题不在孩子，而在于父母，他们需要抓住时机，不要迟钝。父母得告诉自己：

---

① 苏联时期最有名的香烟品牌。——译者注。

"孩子是我的朋友，我不会检查朋友的日记，我不能教训他或对他说教，因为这些都应该在他14岁之前做完。"

父母要像对待一个稍微比自己年轻点的朋友一样对待孩子。有几个比自己年轻的朋友并不稀奇，我有个只比我儿子大5岁的朋友。不要期待从一个时期到另一个时期孩子身上会发生明显的转变，这和在部队不一样，新兵送到加强营训练以后与之前判若两人，但孩子不需要被送到那儿，只要一直观察他们，父母就会发现新时期什么时候到来。

父母培养优秀孩子的五大原则

我们前面分析了孩子是如何长大的，以及他们需要父母做什么。我们也弄清楚了孩子首先需要的是爱。关于"爱"需要正确的表达，请记住，每教训孩子一次都需要伴随十次的爱意表达。该怎么做呢？只是说十遍"我爱你"吗？

当然不是！

有几条原则可以帮助我们这些父母向孩子表达爱意。以下为所有父母必知的积极教育（即爱的教育）五大原则。

◎ 原则一　可以与众不同

这意味着一个孩子可以和别的孩子不一样，也可以不同于父母。这个原则通常不太容易被父母们理解，因为我们总觉得孩子应该听自己的话——因为我们聪明，而他还只是个"笨蛋"，所以我们要教他做正确的事——但大多数时候我们只是想让孩子成为我们没成为的人，做我们没做到的事。这些父母说："我没能成为拳击手，但是你可以。""我没能从音乐学院毕业，但是你会的，把小提琴拿起来，快点！"

如果你是音乐家，而你的孩子也是音乐家，这当然很好。但想象一下，如果你是音乐家，而你的孩子对此毫无兴趣，并且他告诉你："我想成为俄罗斯的兰博①，我要去军事学校。"爸爸听后应该会很惊讶："我家七代知识分子，我的儿子却要穿军装、戴军帽！"

每个孩子都是独一无二的，每个孩子都有特殊的天分和能力，同时也有特殊的需要和问题。总之，孩子是孩子，父母是父母，孩子不是一张白纸可以任由父母画自己想要的东西。**孩子是一幅线条画，父母只可以在已有的轮廓中填充颜色。**

孩子们有自己的目标，他们降生在父母的小家庭里，意味着父母必须帮助他们实现目标，而不是父母通过他们实现自己的目标。父母培养孩子的目的在于开发孩子的潜力、帮助孩子发展已经发现的能力。父母应该是赞助者，例如为孩子购买所需的纸、橡皮泥和曲棍球棒。

我们必须明白我们不是在塑造孩子，孩子不是被塑造出来的。我们需要理解孩子是与众不同的，他们和父母，甚至和不同时期的自己都不一样，这是父母教育孩子时必须理解的很重要的一点。

儿童群体的结构非常多样化。首先，他们有性别差异，12

---

① 美国电影《第一滴血》男主角名。

岁的男孩与12岁的女孩是不同的。其次，孩子会一直随着时间变化，他们在3岁、7岁和17岁时是非常不同的，上学后的孩子也和五六岁的小家伙们不一样。

在学校的孩子们也不一样，主要分为下列几种类型：

1.赛跑者学习非常快。

2.步行者学习中等，他们的进步是显而易见的，但是他们前进得很慢，这些孩子通常能得4分(满分5分)。

3.跳跃者看起来似乎什么也学不会，很多老师觉得他们是"白痴"，但有时这样的孩子会一鸣惊人。经常有这样的人，读了八年中学，所有人都觉得他是个"弱智"，但他大学毕业却拿了红本①。每个人都问他："你是怎么做到的？"他只回答："在那里没人知道我是个'白痴'。"所以他在停了一次又一次以后终于一跃而起。

我们要意识到存在不同类型的孩子，但不需要扭转他们的个性。有些孩子很安静内向，有些孩子喜欢跑来跑去。想象一下，你站在公交车站，牵着孩子的手，他安静地站着，可以站很久也不发脾气，他会觉得虽然公交车没来，但爸爸牵着我的手，生活是美好的。

再想象一下，你去牵一个好动的孩子的手，他很快会挣脱，

---

① 俄罗斯大学毕业证书分为红本优秀毕业证书和蓝本普通毕业证书。——译者注。

这个时候该怎么办呢？告诉他："这样吧，弗拉迪克，让我看看你从这个柱子跑到那个柱子要几秒。"他来来回回跑了六趟。"真棒，你可以跑七次吗？"然后他又开始了，最后终于跑累了，大口喘着粗气，这时公交车也来了。这个精力旺盛的孩子白天玩累了，想必到晚上就不会再闹腾。

你需要让一个安静的孩子跑吗？

"坐着干吗？跑起来！"

"我不想跑。"

"不管想不想都要跑！"

"我为什么要跑？"

"快跑！"

我有过这样的经历。我的孩子读四年级的时候，成绩单上的体育只得了1分（总分12分），原因是他不会爬绳，为了防止学生偷偷改成12分，老师特地在括号里写了大写的"一分"。

我非常愤怒："瓦尼亚，你不会爬绳子吗？"

"我不会。"

"你现在已经上四年级了，竟然还不会爬绳子？"

"不会。"

"来吧，我现在教你。"

"我为什么一定要会爬绳子？"

我立马意识到我刚刚忽略了他的兴趣，我只是在为自己的儿子不会爬绳而感到羞愧。我没有继续强迫他，因为四年级的他根本没必要会这个技能。然而在七年级的时候，他突然有了这个需要——他想要变得强壮，于是我给他立了个单杠，买了个拳击沙袋，让他做引体向上和俯卧撑。

顺其自然，每个孩子的情况不一样！

有一部英国电影叫《跳出我天地》，讲的是一个来自普通矿工家庭的小男孩突然爱上了芭蕾，这对粗鲁的矿工父亲来说是不可接受的，于是父亲让儿子去学拳击，而儿子却偷偷去上芭蕾课，并且成了很出色的舞者，他的优秀甚至让老师愿意免费教他，女老师还带他去参加比赛。

父亲对此却极力反对，他觉得儿子穿着白色的芭蕾舞鞋和紧身连裤袜跳来跳去是一种耻辱，男人应该讨厌这种"娘娘腔"的东西。显然他根本不在乎孩子的喜好，他觉得孩子就应该像他一样，因为"他是我的儿子"。

这个父亲违反了积极教育的第一条原则：孩子可以和父母不一样。当然，他们也可能区别不大，比如有些音乐家的儿子也是音乐家；我喜欢坦克，我儿子也喜欢坦克——我甚至都分不清是因为儿子喜欢所以我才喜欢，还是因为我喜欢所以儿子才喜欢。

但在一些事情上，父母和孩子的态度是不一致的，有时候父亲喜欢狗，孩子讨厌狗却喜欢恐龙。如果孩子喜欢恐龙，聪明的父母该怎么做呢？给他买恐龙百科全书。如果他喜欢船，就给他买船类百科全书。如果他喜欢橡皮泥，就给他买很多橡皮泥。如果他开始画画，就让他画画吧，任由他把房子弄得乱七八糟。

我们总是想把孩子改造成另一个模样，我们想把孩子送到我们喜欢的兴趣班，哪怕孩子并不喜欢。不管他嗓音如何就让他唱歌，不管他想不想跳舞就要求他跳舞："跳舞，听话，你应该漂漂亮亮、开开心心地跳舞。"为什么？因为父母自己没能去舞蹈学校，所以就把孩子送到那里，让他在那儿饱受折磨，只要能学会跳舞。他说："妈妈，妈妈，给我买个杠铃吧！"

"买什么杠铃啊，你怎么啦？杠铃太低级了，快去跳舞。"

有些孩子要上12个兴趣班，被逼到发疯，他恨他的父母，心里想："天哪，快点让我长大然后去下塔吉尔的宿舍吧。"

这是不对的。

一位女士曾反驳我："我不信，如果我父母当年没有让我去上兴趣班和辅导课，那我可能一无所成，你看我妈妈没让我从小就学英语，所以我到现在都还不会。"

"你的童年是什么时候结束的？"

"我16岁离开家。"

"那现在你多大？"

"28。"

"这12年里，你自己没学会英语吗？还是你不需要学英语，然后你把这一切归咎于妈妈？"

"我妈妈没有让我学。"

"那妈妈让你学什么了？"

这时她突然明白了，妈妈让她锯钢丝，是因为当时需要家具；妈妈让她学游泳，因为万一妈妈在海里溺水了需要她去救；她还被送去参加摩托车越野赛，这样就可以骑车从火场里逃出来。结果就是——她妈妈试图通过孩子来实现自己人生中没做到的事情，这是一个巨大的错误。

我们应该给孩子展示自己才能的机会。

不要做这些，比如：

"就这样，你以后读法学院吧。"

"妈妈，我才读一年级，我还不知道法学院是什么。"

"这不重要，你必须清楚你的未来，你妈妈是律师，爸爸是律师，你以后也会是律师。"

孩子不仅不同于自己的父母，和其他孩子也是不同的，每个孩子都是独一无二的。不要拿他和哥哥姐姐们或者别人家的孩子做比较。

但父母们总是喜欢这样做：

"来，张嘴看看牙齿长出来了没？啊——还没长出来啊！隔壁的廖尼亚已经长牙了，你怎么还没有，妈妈很担心……"

"怎么回事！大家都开始走路了，你还坐着，你不会生病了吧？"

诸如此类的例子不胜枚举。

我记得当我看到自己的孩子不想爬时，我意识到他和其他人不一样，因为他的同龄人都会爬了，而他没有。他坐着，一条腿压在身下，另一条腿伸出来，用这种神秘的姿势他爬得比其他小朋友都快。我和妻子都很担心这样对他来说会不太好，不过还好，这对他未来的智力没有任何影响。

我们常常担心我们的孩子和普通人不一样，但实际上，我们应该高兴，他不像其他人，他和任何人都不一样。为什么要把所有人放在一起比较呢？

◎ 原则二　犯错误是正常的

如果我们是积极的父母，爱自己的孩子，我们必须意识到犯错对孩子来说是完全正常的，所有的孩子都会犯错，父母需要有心理准备。

在犯错后，孩子不会觉得自己有什么问题，除非父母用一种奇怪的、不恰当的方式回应他，让他知道这是不被允许的。

如果要求孩子不能犯错误，那么孩子只能停止做任何事以避免犯错误。

顺便说一下，对待丈夫也是如此，如果你丈夫什么都不想做，意味着你对他的错误有过不恰当的回应，他想："我宁愿什么也不做，也不愿犯任何错误。"孩子也是这样想的。

犯错误是自然的、正常的和不可避免的。那么，如果一个孩子犯了错误，我们该怎么让他改正呢？不要在他不需要帮助时插手帮他，不要把自己的意见强加给他，正如原则一所说的，他有自己的方式。

我儿子喜欢画画和玩电脑游戏，他在学习成为一名设计师。我本希望他像我一样成为家庭心理学家和专业厨师，但他做的是他自己喜欢又想做的事，我支持他，因为我想让我的孩子做他自己。

不过，我跟他说得很清楚，在他毕业以后，他需要自己照顾好自己，他不会从我这儿得到一分钱。我不会给他钱买时装、买车、买鞋、买新款手机，也不会给钱让他带女孩去餐厅吃饭，这些钱都要他自己挣。如果他不想挣钱，只想一天到晚坐在电脑前玩坦克游戏，某一天就会走出来问："爸，妈，你们是怎么走到一起的？我也想找个伴儿。"

"那你去交个女朋友吧，儿子，"

"怎么找啊？"

接着他妈妈说："怎么找？女人想要男人关心她，保护她，经济上支持她，如果你想结婚，就必须做到这几点。"

"那我怎么养活她？我没有钱。"

"但是你有学历，去找工作吧，你挣了钱就可以请女孩去饭店，付房租了。"

"我不想去上班。"

"那好！继续打半年游戏吧，等你哪天成熟了想通了再考虑这件事。"

之前提到的那个孩子一天到晚在沙发上躺着，他的妈妈出去给他买烟，换电脑桌上的盘子，买漂亮的衣服。为什么他的妈妈会这么做？因为她没有丈夫，她把儿子放到了"丈夫"的位置，母亲充当了儿子的"妻子"，于是他现在虽然已经29岁了，但仍然还是个"国王"。

这种男人什么时候才会开始做点什么呢？只有等妈妈去世后。这听起来很悲伤。想必你们都不想像这位母亲一样，所以不论你想让他当律师还是什么，请不要干扰孩子。就让他顺着自己的意愿去当"清洁工"吧，等他干够半年就会改变主意的。

　　我的朋友是个聪明的小伙子，但是在学校的成绩不太好，后来他所有的朋友都去了技校，他也跟着去了。在技校上了三个星期的学以后，他意识到自己再也不想去了，因为附近所有的小流氓都在那儿，于是他去了工厂打工，学习独立生活，一直工作了半年。这时学校的小流氓们也毕业了，也来到同一个工厂上班，他意识到如果不想和他们在一个地方工作就必须做点什么，于是他一面继续在工厂工作，一面考入了大学的商学院，他投入了自己所有的积蓄，终于在几年之后，成了一名律师，现在他非常成功。男孩子可以从生活里学会一些东西。爸爸妈妈什么都没告诉他，在技术学校的三个星期、在工厂的半年，让他自己开始意识到该怎么做，并纠正了自己的错误。

　　男孩子们都是这样长大的。

◎ 原则三　拥抱负面情绪

　　孩子们需要表露自己的消极情绪，而你需要理解他们。愤怒、悲伤、恐惧、遗憾、失望、不安、怨恨、忌妒、委屈、自卑、羞愧等消极情绪不仅是自然的，而且是正常的，它们是孩子成长和发展的重要组成部分。父母需要为孩子创造机会，以便他们可以体验和表达自己的消极情绪。

发脾气对孩子的成长很有必要。

当然，孩子应该知道，情绪不是随时随地都可以发泄出来的，但不应该压制孩子，否则他的愤怒会让你无法控制。

在大多数情况下，父母们自我压制的情绪最终会在孩子身上显现出来。如果某天你注意到孩子做了什么反常的事，可能是因为这些情绪是你自己一直压抑着不发作，最后通过孩子这面镜子反映了出来。

比如，有一位妈妈来我这儿咨询时说："我家孩子有点儿反常，他发脾气大喊大叫，我们家里之前从来没人这样做过。"

这个妈妈讲述这些话时就像百科全书里用来解释"平静"这个词的图片一样，很平静、礼貌、克制，但我很快在进一步询问中发现了一些惊奇的事情。

我的心理医生同事给我讲了一个案例。一个母亲说："我女儿不太对劲，她不听我的，总是发脾气，我该怎么办？"

"那你自己的脾气呢？"

"我很好，我和大家的关系都不错。"

"那你和丈夫的关系如何？"

"这和我丈夫有什么关系？我是来谈我女儿的事的。我已经结婚了，而且我过得很好。"

"那你和父母的关系怎么样？"

"怎么又扯上我的父母了，我找您是为了我女儿的事。"

"但我还是很感兴趣。"

"关系不错，我们都很好。"

但是在谈话中我同事注意到，当提到她的父母时，这位妈妈突然握紧了手中的苹果，指甲嵌进去把苹果掐出了汁。因此医生推断这个女士和她妈妈的关系并没有她说的那么好。经过几次谈话以后，医生与这位女士建立了信任，于是她问道："你想对你妈妈做什么吗？"

"没什么，我很爱她。"

"不是真的要做什么，只是一种情感上的假设，想象一下，你可以对这个苹果做任何你想对你妈妈做的事。"

接着这个娇小玲珑，平静理智的女人用一只手把一个又大又硬的苹果挤出了汁。

于是我的同事得出结论："这就是你和自己女儿关系不太和谐的原因，你压抑了一些情绪，但是你的女儿把它表现出来了，如果你希望自己的孩子平静下来，你就不该把自己的消极情绪发泄在她身上。"

这个故事里的妈妈看起来一切都没问题，但是她的负面情绪是偷偷地发泄在孩子身上的，通过轻轻的声音："放学后就躺在沙发上什么也不做吗？你这样以后怎么嫁人，你是准备做清洁工吗？以后没人愿意和你说话，你就任由自己变成一只又笨又胖的猪吧。"

然后这个妈妈很不解："为什么我女儿会对我这样？我明明用那么平和的语气和她说话啊。"她自己的妈妈多年前把她父亲赶了出去，从此在她心里种下了仇恨的种子。请记住，父母、孩子、祖父母等几代人都是相联的。

所以，对于孩子来说，表露消极情绪是可以的。你千万别对她说："你在抱怨什么？你在喊什么？安静点，停下来，女孩子不可以那样，女孩子应该安静点，保持微笑。"

我想说的是，你是想让自己的女儿变成一只面带微笑的陶瓷猫吗？

当一个孩子被告知他的情绪、他想被理解的需求，以及其他与情绪相关的感受会给成年人带来不便时，他就会开始压抑这些情绪，失去与真正的"我"的联系，也会丧失由"真我"才能激发的才能。

为了帮助孩子更好地意识到自己的情绪，父母应该感同身受地倾听孩子的情感，但不要和孩子分享自己的负面情绪。积极教育不鼓励这种行为：让孩子觉得自己应该对父母的情绪负责。也就是说父母不可以把自己的问题转移到孩子身上——这是一种情感侵略。

拿"吃"打比方，在我们从食物中获取维他命、蛋白质、脂肪和必需氨基酸时，我们获得了一些积极的情绪，这对人类生活是非常重要的，但同时，我们也得到了一些需要处理的垃圾，人们为此建立了专门的处所——有人随便在菜园建了个厕所，有人把厕所弄得漂亮、智能，铺设了瓷砖，配备了浴盆、香水、刷子和美元图案的卫生纸。

换句话说，我们每个人都去洗手间，并且会安安静静地上厕所，为了不给他人带来不悦，我们通常还会使用空气清新剂。当我们经过没有喷洒清新剂、散发着臭味的厕所时，我们会感到不快。情绪也是一样，如果你有负面情绪，也应该像去厕所一样用一种聪明的方式处理掉。据说，如果一个人有负面情绪，却从来不把它表现出来，他会毁了自己，顺便说一下，他可能会直接进肿瘤科。

就像上厕所一样，设想一下，如果你有这个需要，但是你说我不去洗手间，我得忍着，因为"好女孩"不会那样做，结果身体累积的毒素会让你皮肤发青、长斑，甚至中毒。那些压抑情绪的人往往认为自己可以操纵情绪，所以不把它发泄出来。"好女孩"是不会打架的，但结果往往不太妙，"好女孩"会因为长期压抑情绪而生病，因化疗而脱发，医生只能把她们所有头发都给剪了，但这也没什么用。最后"好女孩"去世了，一切都永远地结束了。

这并不是处理消极情绪的方法，因为积累的情绪还是会爆发，还往往让你因崩溃而丢脸，因为没有人能完全控制住自己的情绪。

另一种错误的情绪表露方式是把它发泄到别人身上，这无异于在公共场所上厕所。

正确的情绪表达方式应该是这样的：孩子把情绪向妈妈倾诉，但妈妈从不把坏情绪带给孩子。妈妈应该创造一个环境让孩子想和自己说说话，要做到这一点，需要时刻注意倾听自己的孩子。如果孩子走过来想告诉你什么，你一定要放下手中的事儿，仔细地听，别对他说："我累了，我很忙，晚点再来，别说蠢话，你那些废话烦死我了，一天天玩神奇宝贝和看各种没用的东西，我迟早把你的电脑给扔了！"听着这些话长大的孩子当被问到"今天在学校怎么样"时，自然只会回一句"很好"，避免更多的交谈。这意味着，与孩子沟通的桥梁已经烧毁了，谁烧毁的呢？是父母自己！若这时妈妈请他和自己聊聊，他会心想："我已经试过了啊，跟你说神奇宝贝的时候。"因此父母必须修补和维护这些桥梁。

请记住培养孩子的重要准则：**如果孩子有话要说，父母一定要听他说！**

如果你现在确实没办法听孩子说话，那回答他："等一下，我现在有点儿忙，我们十分钟后再谈吧。"请拿起手机给自己定个闹钟或者做个备忘——十分钟后和孩子谈谈，你不能欺骗他，十分钟后你要去找他，告诉他："我刚刚很忙，现在有空了，你想说什么呢？"

"妈妈，您知道吗？原来T-44①总共制造过980辆！"

"好吧。"

"是真的，我自己在网上查到的。"

"有意思！你还有什么想说的吗？"

"没了，就这些。"

"就这样？那我走了？"

或许你根本不在乎苏联制造了多少辆T-44坦克，但是对于孩子来说，告诉你这一点很重要——他想和爸爸或者妈妈分享一些有趣的信息，如果孩子向你抛出了桥梁，那当他有问题的时候，他一定会利用它去找一个可以倾听自己的人。

孩子们应该把他们所有的负面情绪告诉妈妈，每一个家庭都有一定的等级关系和情绪发泄的顺序。

关系生态链

关系等级的最底层是孩子，在他们之上，离他们最近的是

---

① 苏联在二战时期生产的坦克，型号。

妈妈，至少理论上她应该是最接近孩子的人，如果妈妈一个月里有27天都在出差或者工作，养育孩子的角色不明确，就违背了传统的关系生态链。我们现在谈的是一般情况，妈妈应该倾听男孩子的话，女孩子没关系。当男孩子找妈妈抱怨的时候，妈妈一定要认真听，还应该拍拍他们的头。

如果需要干预，比如谁惹女儿生气了，妈妈自己拿不准主意，就把问题推给爸爸，由爸爸来弄清楚是谁欺负了女儿，以及怎么处理，但是所有负面情绪的信号还是由妈妈从孩子那儿接收。

孩子们和妈妈分享了感受，妈妈也需要把这些情绪安放到某个地方，这就是为什么每个家庭都需要爸爸，这也是他们存在的意义之一。爸爸的作用更大，他是家里免费的心理医生。妈妈把从孩子那儿接收的、自己积累的情绪都告诉爸爸，爸爸听着，这是他作为伴侣的责任——倾听自己的妻子。

爸爸要怎么倾听妈妈呢？每天问她："亲爱的，今天怎么样？"接着女人需要在半小时或一小时之内把所有事情告诉男人，如果男人不听，女人有权去找公公或者自己的父亲，告诉他们："他还不懂丈夫的责任，你能踢他一脚吗？"

但情况往往是女人不明白她必须倾诉自己和孩子的情绪，选择独自承受，甚至还会坐上几小时听爸爸唠叨一天发生的事。

女人可以不听丈夫的抱怨，他一开口，妻子可以说："嘘，嘘，让我说两句。"然后用一个小时把自己所想告诉他。这是可以的，男人的责任之一是给女人情感上的支持，倾听她，男人是女人的"情感垃圾桶"，这是法则，是创造男人这个物种的原因，并且他也做得到。

因此丈夫必须每天经常听妻子说话，无论她说什么，哪怕她说的都是废话，男人也应该理解："这是我妻子，她在可爱地胡说八道，我肯定，如果她说了一些蠢话，那很好，她已经摆脱了它们，这并不意味着她很蠢，而是她摆脱了愚蠢。"

但是，要想让男人可以一直听妻子诉苦，他也需要把情绪转移到某处，他可以在哪里倾诉自己的情绪呢？答案很明显，一定是朋友。但是和朋友交流往往需要等价交换信息，这意味着你的朋友不可能永远只听你说不好的事。

你给朋友打电话的时候，肯定不希望会是这样：

"我老婆刚念叨了我一顿，我可以过来跟你诉诉苦吗？"

"当然，过来吧，正好我老婆也刚训了我一顿，我很乐意再听听你的事。"

爸爸需要的是一个在感情上更强大的人，只能和比自己大十多岁，更像是父母的人分享问题，他们可能是自己的父亲、爷爷、教练或者其他成熟的人，属于这一类人的还包括牧师和心理医生。对方必须是一个可靠的人，一个可以让他敞开心扉的人，一个在情感上更强大的人，否则会很糟糕。

爸爸必须有一个心灵导师、权威人士，或者他自己拥有一个严肃的精神世界。男人这样做至关重要，因为最好的聆听者是上帝，如果有很好的心灵训练，每天花几个小时向上帝祷告，就能解决所有棘手的问题。通过冥想、自我认识和更深的思考可以中和所有自己的和其他人的负面情绪。一个精神成熟的男人可以处理很多情绪问题——自己的、妻子的和孩子的，人越多，他的能力越大。

在古代，如果国王有很多妻子，说明他是一个睿智的君主、圣明的国王，他有这样一种精神能力——不仅可以消化自己妻子们和孩子们的情绪，还可以消化臣民的情绪。

据说，一个精神成熟的男人可以得到任何一个女人，但要做到这一点，他必须进行心灵训练，可以去树林拥抱树木，站在水里，闻一闻花——这些都可以带走一些负能量，但是自然只能冲散部分负能量，无论如何也不能完全取代心灵导师。

爸爸也应该尽量经常洗澡，每次咨询结束后我都直接去洗澡，因为咨询结束，我给了别人积极的情绪，让他倍感轻松，对方跟我道一声"谢谢"，离开的时候带着我给他的情绪，而我则留下了他的消极情绪，所以这时我要去洗个澡，喝点儿水，给自己点心理暗示。如果我不这么做，我也会生病。

这就是情绪流动机制，但是它不能反过来操作，这是一个插入管系统，只能朝一个方向运行。情绪可以朝一个方向流通，朝另一个方向就不行。没有这个机制，家庭就会乱套。如果爸爸不能消化自己的情绪，那他也不会有耐心倾听妈妈的心事。他会说："你在说什么？我为什么要听啊？我工作就已经很累了。"

结果是，妈妈不想再倾听孩子了，她还可能会把自己的消极负面情绪发泄在孩子身上。妈妈是不应该在孩子身上发泄自己的情绪的，她是什么时候变成这样的？从爸爸不接收她的情绪开始。举个例子，她下班回家，为工作受了一肚子的气，她跑去找爸爸说说话，但他不想听便让她走开。她马上跑去看孩子的分数，接着在孩子身上发泄不满，为孩子的成绩和老师的评语而大发脾气。

或者是另一种情况，劳累一天的爸爸怒气冲冲地回到家，把一切告诉妈妈，包括他工作多辛苦、遇到多少麻烦、交了多高的税、政府有多糟糕、那些压榨他工厂的人有多坏。妈妈听完这些也沉浸在消极的情绪中，然后再去看孩子的成绩，把这些不满发泄在孩子身上。

抑或是，爸爸不需要经过妈妈，直接去检查孩子的成绩，结果可想而知。

类似的方案都是错的。这就好比你去看心理医生，结果医生给你讲了一堆他自己的问题。想象一下，你预约了找我咨询，付完钱后，我对你说："哦！你能来真是太好了，我有一段时间没和任何人说话了。没人愿意听我说话。我最近一切都不顺。房子破破烂烂的快倒了，我也没钱去重新装修，一切都很糟糕。"

你马上想："哦呵，我运气'真好'，花了钱跑这儿听你诉苦。"

当爸爸妈妈把负面情绪转移到孩子身上的时候，孩子也会有这种想法。然而正确的做法应该是将顺序反过来，遵照情绪流动的模式。这个模式只能按这个顺序运作：孩子们——妈妈——爸爸——心灵导师。这才是正常的心理关系。

违背这个顺序会让孩子们发疯，变得无法控制自己的情绪。如果爸爸把气撒在妈妈和孩子身上，会招致非常不愉快的后果。孩子们长大后，他们会把爸爸送去养老院"自生自灭"。

如果您学会了这一点，你就会拥有一个健康的家庭生态链，一个父母与孩子之间的关系生态链。当然，有时候孩子们会越过妈妈直接和爸爸交流，这也没关系，但是爸爸任何时候都不能把坏情绪直接带给孩子们。

◎ 原则四　要求可以用谈判解决

孩子们经常被灌输这样的想法：只有不好的、自私的、被宠坏的孩子才会想要得到更多或者为没有得到想要的东西伤心。"你要感谢你所拥有的！"父母这样和孩子说。类似的还有："为什么又想要一双新鞋？这双溜冰鞋还能穿呢。"而孩子想的大概是："对呀，如果我还没吃完面包，就不应该想要糖果。"

孩子们并不知道他们可以要求多少。哪怕是成年人有时候也不清楚要求多少才不会惹恼别人，不会显得自己太苛刻和忘恩负义。

积极教育的方法能让我们教会孩子如何在尊重他人的前提下，要求他们想要的东西。同时，父母们也可以学会如何正确拒绝孩子的某些不合理要求。

正常的情况是，如果孩子们知道没人会指责他们，就会大胆地提出自己的要求，但他们也会清楚地意识到，提了要求并不保证他们一定就能得到自己想要的。

如果父母不允许孩子们自由地提要求，孩子永远不会知道他们能得到什么，不能得到什么。此外，孩子们在表达自己的要求的时候，也在提升他们的谈判技巧，慢慢地他们就会知道该如何正确地提出要求。

给孩子敢于提出要求的自由，这样能够充分发展他们与生俱来的、追求梦寐以求之物的能力。等他们长大以后，他们就不会认为"不可能"是最终答案。

相信我，这会是一个很好的习惯。对一个孩子来说，大胆地去追求自己想要的东西，这很重要。这一点对于女人也同样重要。女人总是害怕向丈夫提出要求或表达欲望，因为男人的回应往往不尽如人意。

女人说："我想要新的香水！"男人的脑袋里立刻冒出这样的想法："新款香水在好的化妆品店要100欧元。她不可能想要任何假货的。这些钱可以买一桶廉价香水了。"于是他会说："你说什么，拜托，太贵了吧！"这时，女人会无奈地想："我为什么要和他说这个啊？"

一个聪明的丈夫会说什么？他会这样说："当然，亲爱的。我们一起考虑一下。你说的香水叫什么来着？给我写一下，否则我很容易忘了。我只能记得住兰博基尼Murcielago LP640①。"

然后女人把香水的型号写在一张纸上，她说："好，好，我想要这种香水，这是我最最想要的。"

这个聪明的男人开始问："这个香水的包装是什么样的，多

———————————
① 兰博基尼超级跑车。

少毫升的？是古龙水，淡香型还是浓香型？说详细点，不然我一窍不通。"

"当然，亲爱的。我想要的是带气囊的浓香型，10毫升，一定要看准了，买真的，别买假货。"

就这样，等一个合适的时机，某个节日——妻子的生日或妇女节，男人觉得是时候给妻子一个惊喜了。这时他想起妻子想要香水，他找出那张珍贵的纸，去商店买好香水，然后把它送给了他的妻子。妻子喜出望外，她说："哇，真是太惊喜了！这正是我想要的。"

了解妻子和孩子们的愿望，记下来，偶尔满足他们的愿望，这是很正常的。聪明的男人会经常这样做，还会自己问妻子或孩子："你想要什么礼物呢？"

"我不知道。"

"你再好好想一想。"

妻子想了想，然后说出自己的愿望。想要做到这一点，不需要你成为一个钱多得没地方花的百万富翁，不需要！这只是在教一个普通的男人如何取悦最亲近的人并从中获得快乐。你觉得有男人不想这么做吗？只是需要先让他们学会如何正确地询问和收集信息。

◎ 原则五　可以提出异议，但请记住：父母是最重要的人

这是什么意思呢？意思是给孩子们自由的同时，父母必须确保自己是控制局面的人。对孩子们来说，改变自己的意愿意味着要顺着长辈的意愿，不顾自己的感受放弃自己的要求。但强迫一个人改变他的愿望，会摧毁他的意志。所以父母不应该试图控制孩子。

调整意志和意愿的能力被称为合作，服从意志和意愿称为顺从。有人认为这没什么区别，但实际上两者有巨大的区别。

为了培养自信，需要让孩子知道他们的意见很重要，但孩子迟早会意识到自己不是掌控者。所以父母应该给孩子说服自己的机会，按孩子的意愿行事，这样孩子会获得健康的自我意识，在青春期时也就不需要变得叛逆。

你需要明白，孩子们最初只有一个目标——打心底里想给父母带来快乐。

因此，让我们再次总结一下培养优秀孩子的五项原则：

1.可以与众不同

2.犯错误是正常的

3.拥抱负面情绪

4.要求可以用谈判解决

5.可以提出异议，但请记住：父母是最重要的人

七种半有趣的儿童性格

我们已经搞清楚了积极教育最重要原则之一——所有的孩子都是独一无二的！因为不同的性别和年龄等，孩子在每个成长时期都会发生变化，这造就了每个人不同的性格，每种性格的孩子都要求父母遵循独特的教育方式。就像谚语说的："汝之蜜糖，彼之砒霜。"教育孩子也是如此。

每个孩子身上或多或少都会体现出所有性格种类的特征，但总有一种性格是占主导地位的。

◎ 第一种　学术型

这个类型的孩子其实不多，但大部分是好学生，他们有很好的记忆力，能很好地掌握和分析信息，具有很强的学习能力，喜欢读书。在现代的普通学校里，他们很容易随时随地学到知识。

在我们出生的那一刻就被赋予的四大要素分别是生日、忌日、财富程度和智力水平，智力作为四大要素之一，无法被人为改变。如果智力只是中等水平，那它永远不会变高。但如果一个人对自己的认知不够清晰，就算有高智商也不知道如何使用。因此有些高智商的孩子进入学校后会立刻展示出自己的学习天赋，有些则不会。但无论如何，学术型的孩子都会学习得很好，父母的任务就是成为他们的兴趣赞助人，为他们提供所需要的一切——书籍、图册、百科全书，等等。

◎ 第二种　感性型

这种性格类型的孩子的主要爱好是建立和维持健康的关系。这种孩子很善于捕捉别人的想法和体谅别人的感受，他们不一定会说很多话，但更加善解人意。

这类孩子长大后会成为非常受欢迎的人，成为团队的灵魂人物。他们可能很专业，也可能不太精通自己的领域，但不管怎样，他们永远不会被解雇，因为他们的存在会带来一种充满热忱的工作氛围。这些人非常了解自己的内心世界，并能够帮助别人了解自己的真实感受。

他们把情感放在首位。对他们来说，重要的不是发生了什么，而是如何发生的。重要的不是你说了什么，而是你怎么说。他们很注重过程。

"态度比真理更宝贵"，大约是这类孩子的座右铭。

父母应该做什么？为他们创造一个情感环境，和他们进行更多的交流，并允许他们与社会上的人多交流。

我个人不太喜欢幼儿园，我认为有些孩子不必上幼儿园，用不着把他们送去那儿，他们自己在家就能玩得很开心，可以做游戏、画画、拼图等。

但是有些孩子需要经常和同龄人交流，幼儿园对他们来说有好处。当然，最好是提供适合他们的交流方式——带他们去兴趣班、俱乐部等地方，让他们可以和其他孩子一起玩。父母也应该和这类孩子经常沟通，因为这是感性的孩子日常生活中不可或缺的内容。不管在什么情况下他们都会与周围人打交道，有时不仅仅是父母——这不一定总是件好事，因为父母不知道他们会选谁作为对话者。

◎ 第三种　运动型（军队型）

这种孩子非常活跃，他们能在体育运动中取得巨大的成功。自然，他们体型很好，对运动和锻炼也很感兴趣。这类孩子更适合通过肢体学习知识，比如做瑜伽。他们需要不断锻炼，比如经常奔跑、跳跃，到了晚上还需要出来散步以便消耗多余的能量。他们很难闲下来，你很难让他们在哪儿安静地坐着。

要想给这样的孩子创造机会发挥出他们的身体潜能，就得找一个合适而出色的教练，这样的教练知道人体是如何工作的，知道应该做什么对孩子更好。

妈妈需要找到那个适合自己孩子的教练。当她走进体育馆，看到身手灵活的教练，会瞬间感到自己来对了地方，好动的孩子正需要这种锻炼氛围。

这样的孩子需要不断接受挑战。如果他们跟别人打架，就会决心要打赢，所以这类孩子必须为此做好准备。运动型的孩子最擅长在竞争中表现自己。他们总是需要对手，总是需要比赛。对运动型孩子来说，问"你为什么打架？"这样的问题是奇怪的，因为他们想赢的心如此明显，足以成为一切斗争的理由。

如果你家里有两个或两个以上运动型的孩子，他们肯定会经常打架，而你无能为力。但他们能从中学会输赢的意义，所以有时候输甚至比赢更重要。

这一类型的男孩之所以打架是因为他们需要不断地对抗、竞争和挑战。他们适合去参军或者练习体育。虽然他们不一定非得成为职业军人或运动员，但无论如何，通过这种途径他们会把多余的精力给消耗掉，而不是整天游手好闲。

流氓和强盗通常是那些小时候精力旺盛又没有被送去参军或者练体育的人，他们不知道该如何正确利用这些精力，于是选择了另一种消耗方式，这些人最后的结果通常都是去坐牢。

聪明的"统治者"会挑选这样的孩子，从小观察他们的一举一动，然后将他们送去相应的机构——体育学校或军校。因为如果你不把他们送到那里，未来就可能不得不把他们送进监狱。

这个类型的女孩没必要被送进军队，但她们也需要在某个地方释放多余的能量。可以送她们去学跳舞、学体操，但没必要让她们接受太专业的训练。任何职业体育运动都是有创伤的，会伤害孩子的身体。

这类孩子的父母应该扮演什么角色呢？父母应该为孩子们创造合适的条件，首要的一点是他们应该了解孩子的本性。然而糟糕的是，实际中父母往往会限制这类孩子，不许他们表现活跃。但这类孩子需要展示自己的活力：如果不许他们这样做，等于把他们的内心撕成了两半。

因此，活跃型孩子的父母的首要任务，是向孩子展示精力的不同使用方法。但别强迫非运动型的孩子做运动，别说："你必须去做运动，你必须……"运动型的孩子会自己去体育馆，不需要父母强迫。父母带他们去一次，他们就会主动运动了。而非运动型的孩子可能会说："我不想运动！我想躺下看书。"这是他们的选择；每一类孩子的本性都是完全不同的。

◎ 第四种　创造型

这类孩子想象力非常丰富。他们就算玩几个小时的松果，也不会感到无聊。什么东西都可以成为这类孩子的玩具——橡子、弹簧，几乎任何他能找到的东西。这类孩子可以盯着奶奶的地毯看几个小时。他们喜欢阅读各种各样的故事，也会是很棒的倾听者。

这类孩子需要远离电视、电脑和视频，因为他们很容易受到这些东西的影响。电视和电脑上的信息五花八门、应有尽有，在浏览这些信息时不需要思考，这对孩子有很坏的影响，其创造力的发展会被抑制。如果你无法让孩子远离电脑，可以让他们选择一些幻想游戏或需要绘画、拼接、创作的游戏程序，例如拼图游戏。

创造型的孩子通常能在别人失败的地方取得成功，因为他们能想到出人意料的办法。用今天的话来说，他们是有创造力的孩子，有无数稀奇古怪的点子。

随着年龄的增长，这种类型的孩子会越来越多地进行精神实践，想要拥有神秘"经验"，甚至开始追求超自然的体验。因为这类事物超出了一般人的想象，只有拥有创造力的人才能轻松地想象出来，正是这类人创造了《纳尼亚传奇》和其他玄幻世界。

创造型的孩子只有从事自己想做的事才会成功。虽然这适用于所有类型的孩子，但这一点对这个类型的孩子来说尤其重要。因为活跃型的人可以在任何领域中取得成功，虽然他们不一定会从中得到快乐，但一定能有所成就。要是让创造型的人去卖哈密瓜，或者每天都重复做一样的工作，他们一定快乐不起来。

对创造型的孩子来说，最痛苦的事是被人控制，他们的人格会因此崩溃。可惜，如果父母本身不是有创造力的人，他们很难理解自己的孩子。因此想要懂得这类孩子，父母的首要任务应该是试着理解并配合他们，这一点很重要。就算你不是一个有创造力的人，你也可以配合自己的儿子或者女儿。

创造型的孩子应该多和同类型的孩子一起玩，因为他们是一样的。一个音乐家父亲和一个音乐家儿子可以轻松地找到共同语言。但如果父母是瓷砖工人，那么就得努力让自己的孩子与其他有创造力的孩子建立关系。对父母来说，最重要的是试着抓住孩子的喜好，就像你不能强迫一个运动型的孩子每天给邻居拉四个小时小提琴一样，不要强迫他们做不喜欢的事情。

由于父母的要求，一个有创造力的人也可能去技术学校学习，毕业以后拿着文凭回家，但一辈子都不干和专业相关的事，在这种情况下，浪费时间学习真的值得吗？

如果你发现你的孩子是一个有创造力的人，一定要积极地配合他，发掘他的潜力。

◎ 第五种　艺术型

这个类型与创造型有着紧密的联系。这类孩子喜欢捏橡皮泥、绘画、搭建模型，并且能够做得非常出色。创造型的人可能除了想象力丰富以外什么也不会，而艺术型的人却可以用自己的双手创造成果。

去接触有才华的人或者某一领域的大师对这类孩子很有必要，他们需要得到一位大师、一位真正的艺术家的指引。所以，父母能做的最好的事情就是为这类孩子找到一个合适的指导者——某一领域的大师、老师或者专业人士。

◎ 第六种　智慧型

这种类型的孩子非常讨厌长时间的谈话、讲座和解释，他们很快就会觉得没意思。所以在学校里，他们多半总是忙自己的事，他们不喜欢别人一直解释，因为他们总觉得这些都很好理解。他们一边听一边想："你为什么要告诉我这些，一切都很清楚了，还有什么可说的？"

这类孩子非常不喜欢把宝贵的时间浪费在无用的——至少

在他们看来是无用的——事情上，他们很需要自由。他们倾向于研究类似神学的需要真正智慧的书籍，这类孩子将来可能会成为真正的哲学家。

他们的特征是有一双成熟、充满智慧的眼睛，哪怕他们的实际年龄还很小。他们无所不知的眼睛就像从前世带过来的似的。有时候，这些孩子会做一些让成年人都惊讶的事情，仿佛天生具有某种智慧。

这类孩子的父母的角色，是定期给他们安排一些作业，但是有一点很重要，必须给他们很大的自由空间。准确地说，对待这类孩子的方式有点儿矛盾——既要给他们创造学习条件，同时又要给他们自由。因为智者不是家长拿着棍子打出来的。

◎ 第七种　直觉型

这种类型是从智慧型衍生出来的——他们什么都知道，却什么都不学。学术成就对他们来说并不重要，他们对实现目标并不感兴趣。他们和过去的生命有很强的联系。这些孩子现在被称为"深蓝儿童"，他们非常特别，因为他们来到这个世界的方式和我们完全不一样。正如有人所说，这些年这样的孩子确实越来越多。

21世纪的父母和孩子之间真的有很大的差异，这就是为什么我们要花这么多时间抚养他们、试图理解他们。五十年前，没有人会特别关心教育孩子的过程，最多就是把孩子送到托儿所或者幼儿园。

这类孩子的父母的角色是承认并肯定他们的能力，不要嫉妒他们。事实上，很多父母嫉妒自己的孩子，经常对孩子念叨："我当年只有一条裤子和一件衬衫，你现在什么都有，但你从来没感谢过我，没说过一句'谢谢'。"请注意千万别这样对待你的孩子。

◎ 第七种半　特殊天赋型

事实上这不是一种单独的性格类型，这是一种特殊的天赋。这类孩子很少只表现出一种特征，通常有上面提到的两到四种性格特征，但也有些孩子在某一个方面天赋异禀。这些孩子的问题是，他们需要特别的照顾和支持，因为他们非常害怕在不熟悉的领域失败。

换句话说，他们可以独自把一件事做得非常好，可能成为音乐家、运动员或数学家，但他们的专注范围非常窄。这样的孩子或许会成为一个伟大的艺术家，但或者非常害怕体力劳动，或者怎么也学不会外语，或者总是打不过别人，或者不受女生欢迎。这类孩子非常棒，但他们只擅长一件事，剩下的所有事对他们来说都很难。

这类孩子通常会感到孤独，因为他们很难融入社会，无法正常与别人交流。

在这种情况下，父母的任务是鼓励孩子多方面发展，避免兴趣单一化。同时父母需要让孩子明白，哪怕他不是最优秀的，爸爸妈妈依然爱他。

如果一个孩子在7岁的时候已经成了天才作曲家，这时让他学骑自行车的话，他就会想要立即达到自己在音乐上的水平；但他做不到，于是会越发害怕学习骑车。天才儿童们顾虑太多，以至于很多时候他们还没开始行动呢，就已经先开始害怕失败了，最终什么都干不成。

因此，父母一定要给他们解释，这一切没什么可怕的，还需要让儿子或者女儿明白，哪怕失败了或者没取得好成绩，爸爸妈妈也不会停止爱他们。

在你的孩子身上找找这些性格的特点，并选择相应的教育策略。这个方法是可行的，因为你一定可以在自己的孩子身上看到一些对应的性格特征。创造型的孩子、智慧型的孩子与运动型的孩子非常不一样。作息时间表对于运动型的孩子非常重要，他们需要知道什么时候要干什么事，比如告知他们早上5点起床，7点锻炼。运动型的孩子便感觉很舒服，觉得世界是

井井有条的，而自己平静地生活在其中。但对创造型的人来说，这却是完全不可接受的，而智慧的人此刻已经开始思考，为什么要服从这个作息时间表。

下一章，我们将尝试找到与不同类型儿童的交流策略。

如何与不同类型的孩子沟通

首先我需要提醒一下各位家长，与孩子的沟通需考虑到他们的年龄段和身份，弄清他们应该是"国王""学生"，还是"朋友"。

另外，请记住，孩子们之间的差别不仅仅在于七种半性格类型，还包括他们对世界的情感感知，共分为四类。这里的分类与我们在前一部分谈到的性格类型有一些关联，但更侧重于他们对周遭环境的态度，以及如何与这样的孩子沟通。

◎ 第一类 敏感型

这类孩子很敏感。所有的孩子都需要被保护，但与其他孩子相比，他们的内心更缺乏安全感，更需要被保护。

通常，这类孩子很情绪化，对自身需求和愿望是否被满足的反应很强烈。同样，他们也会快速地注意到周围人的需求、愿望和感受。这类小孩有点儿像我们常说的"脸皮薄"。我认识这样一个小男孩，有一天，他泪流满面地回家，双手抱头，痛苦地抱怨道："爸爸，他们竟然那样说我！他们认为是我偷了铅笔！"这个孩子认为这是一个悲剧，但如果这种事发生在别的小孩的身上，他可能会说："我无所谓他们怎么看我。"或者："对，我偷了你的铅笔，那又怎样？我才不想搭理你们。"

这类孩子比较悲观，他们会给玩具取名字，舍不得丢掉旧玩具。通常，如果爸爸对这个孩子说："我们把阁楼里的旧玩具丢掉好吗？"孩子会拒绝："不！爸爸，他们是我最好的朋友。"

这类孩子能敏锐地捕捉到父母的情绪，这种共情能很好地帮助父母走出困境。他们能感觉到妈妈在隐瞒什么，然后会开始故意做一些反常的事情去刺激妈妈，帮助她释放情绪。虽然妈妈在孩子身上释放情绪的做法是不值得提倡的，但是这确实能让妈妈感觉更轻松。不过，这并不意味着，每次孩子表现不好的时候，妈妈都可以冲他们大吼大叫。

这类孩子通过感觉了解世界，他们喜欢自我分析和自我理解，然后才能下结论。他们就像是一些感性的小蝴蝶，比如学校里被欺负的小胖子，容易生气、容易脸红的男孩女孩。

改变和培养这类孩子。首先有必要使孩子感觉到自己需要改变，适用于其他孩子的鼓励法对敏感型孩子并不合适，他总是说："我觉得应该是那样，而我这么做是因为这样才正常。"如果你问这个孩子："你能解释一下吗？"他回答："不能，我就是那么觉得的。"就像女人常说："我不知道，但我感觉……"

这类小孩反应敏捷，他们渴望取悦父母，事实上，每个儿童都有这样的渴望，但敏感型孩子的意愿尤其强烈。如果不被倾听、不被理解，他们会开始抱怨。出现问题的时候，他们开始找人大吐苦水。有时他们不被父母理解，尤其是敏感型的男孩子，他们常被爸爸说教："你在干吗？真正的勇士从不抱怨！"而此刻孩子心里想的却是："可我不是什么勇士，我还只是个5岁的孩子。"

孩子们的抱怨是正常的，正如女人抱怨自己的丈夫一样。这是孩子敞开心扉的表现，如果不被允许，孩子会停止抱怨，从此一旦父母之间出现问题，他们便会回答："这又没什么。"哪怕实际上问题很大。

这类孩子不善于安排和控制自己表达情绪的时间，"别再担心了"这种话对他们不起作用，他们可以一直说、一直说，以至于把周围的人都说烦了，尤其是自己的父母。

有时，这类孩子也会试图摆脱过于敏感的想法。我知道一个案例，一个5岁的女孩被父母带去看医生，因为她太敏感、情感太丰富了，她父母说，她还那么小，就一天到晚总是说："爸爸，爸爸，我爱你。"而且说话的时候总要一直搂着自己的爸爸。父母担心她长大后可能会被男孩子骗，为此请医生治疗了一年。结果是，这个女孩再没有对父亲撒过娇，也不再向他表达自己的爱。如果医生再给她打一年的氟哌啶醇[①]，效果可能"更好"。

如果这些孩子的需求得不到满足，他们就会变得任性不听话。从心理学的角度来解释他们的行为，他们似乎是在说："我是不会和你们合作的，因为你们没有满足我的基本情感需求。"当孩子有需要时，父母不听孩子说话，还限制他们，就好比是掐住了他们的喉咙，让他们无法呼吸。这时再和他们说"把玩具收起来"，也不会有什么效果。孩子已经"窒息"了，什么也做不了，父母再坚持要孩子这么做，只会让他们抓狂。

倾吐情绪是他们的基本需求，没有别的方式可以替代。如果敏感型的孩子独自承受这些情绪，过段时间他们的情绪就会变得更糟糕。因为情绪容易不断地累积，他们遇到了一个问题，却找不到可以倾诉的人，找不到愿意聆听他说话的人，接下来就会有新的问题出现，最后一个接一个地堆砌起来。

你或许见过有人突然为了一件鸡毛蒜皮的事大动肝火。这是因为他们在之前已经累积了很多问题。敏感型孩子也是如此，如果孩子什么都不说，就会开始抑郁。当然，孩子们和大人不一样，他们不会躺在沙发上说："妈妈，我觉得生活毫无意义。"他们不会这样，而是会开始变得反复无常、不听话、无理取闹等。

---

① 氟哌啶醇为控制情绪的药物，常用于治疗精神分裂或情感障碍综合症。

因此，保证敏感型的孩子可以一直说话，可以随时和父母交流是很重要的，更重要的是让他们明白，爸爸妈妈可以感同身受，可以理解自己孩子的状况。

父母的感同身受对这类孩子很重要，他们希望父母可以说"是的，我理解你的感受，因为我也有同感"，这一点非常重要。如果孩子哭闹了，请不要冲他吼："别哭哭啼啼了。"而是要说："别哭了，我明白你为什么这么做，我知道，你不是故意的。"孩子马上就会平静下来，他觉得自己被理解了，目的达到了。因为他发脾气并不是真的想闹别扭，而是想以这种方式让父母知道他的感受。

为什么小宝宝被抱得好好的，却突然哭起来把奶嘴吐出来了呢？因为他想吸引父母的注意力——可能是你把他抱得不舒服了，可能是你把他抱太紧了，他觉得很热。所以哭声是某种信号，敏感型的孩子会通过哭闹来传递信息。

如果强行把这类孩子介绍给别人，他们会表现出明显的抗拒，因为他们只会按自己的意愿交朋友，而不是听从父母的指示。这就好比你走到某个喜剧演员面前说："来吧，给大家讲个笑话。"没人能这样做，讲笑话也需要场合和气氛。

有时在课堂上我会遇到这样的问题，有人对我说："现在请给我们讲点有趣的事吧。"听到这话，我马上想道：首先，难道我之前说的内容很无趣？其次，按他们提的要求讲课，还真是个难事。

孩子们不能被强迫着去交朋友，就好比很多人不喜欢自己不认识的人来家里做客。例如，当丈夫带着一群陌生人回家时，妻子会震惊地问："他们是谁？"

"他们是我们的朋友。"

"亲爱的，别一概而论，他们只是你的朋友，跟我没关系。"

"他们要留下来过夜！"

"哇，真有意思……"

"你不高兴吗？你之前不是也想邀请别人来家里做客吗？"

"是的，但我想邀请的是安德留沙和丽莎，而不是这群我根本不认识的人。你看，他们还在动我最喜欢的柜子。"

这个反应和敏感型孩子被介绍给陌生人时一模一样。

让敏感的孩子学会倾诉是很重要的，这类孩子时常有负面情绪也是正常的；就算他们有时会哭闹、发脾气，也是正常的。他们很容易被负面情绪影响，父母只需要多理解他们，也要让他们自己知道，他们的这些想法和行为是正常的。

如果这些孩子的需求得到了满足，被给予了足够的关注，他们就会成长为极富创造力的人，因为他们非常细心，善于观察和创造。他们还会成为出色的交谈者，因为他们很善于倾听，具有很强的共情能力，而且会非常体贴——这也是善于倾听的结果，如果一个人无法倾听别人，又何谈关心呢？

敏感型孩子长大以后，会非常温和，懂得同情和帮助别人，他们容易成为出色的牧师或者心理学家，因为心理学家的任务是倾听和帮助那个把一切都告诉自己的人。

这些孩子能够理解他人的需求，理解他人的焦虑和担忧，擅长帮助他人调节情绪。他们能够接受知识并将它传递给别人，所以未来能够成为老师、辅导员，甚至是精神领袖，但是在小学的时候他们容易受到同学的嘲笑甚至是排挤。

家长们也为自己的孩子比同龄人敏感而担心不已。这种孩子会为悲伤的动画片一直流眼泪，会把流浪猫捡回家。看到别的孩子对同样的事的反应没有这么强烈，父母们就会不知道该怎么办。其实不必做什么特别的事情，这个类型的孩子就是这样的，不要试图用什么标准去矫正他们。这类孩子不会像其他人那样行事，并不代表他们就是不正常的。

你的孩子是独一无二的。他可能是敏感的、活泼的、热爱运动的、安静的、敏捷的、冷静的，什么样都行，他天生就是这样的人。

如果你把孩子拉过来说"别哭了，狠心点，把小猫扔了吧，我决定送你去学柔道"，这样是行不通的。相信我，让一个敏感的孩子去学柔道是一个巨大的错误，他们会哭着抱怨自己被人过肩摔了，然后在回家的路上再捡一只小猫，这是天性使然。更重要的是父母要明白，这是正常的。

并不是所有的男孩都要像小兰博一样长大："你是个男子汉，拿棍子打他，沙坑里那个家伙把你的铲子拿走了——揍他。"

不，你的孩子不一样，上天赐给你这个孩子，或许是因为你内心想要的就是这样的孩子。

◎ 第二类 活泼型（好动型）

这些孩子的主要需求是行动，其次是目标。这些孩子需要行动，所以给他们设定一些目标吧，他们会实现的。

这种类型的孩子有三种需求：

1.他时刻准备向前走，即使还不知道去哪儿。

2.如果无法独自前行，他会带上其他人。

3.如果没有人告诉他该做什么，该往哪儿走，他会选择自己的道路。

因此，想要让这类小孩干点儿什么，最好为他们设定目标。这类孩子通常是男孩（但也有女孩），最好是把他们送到体育中心或者部队（参见"儿童的七种半性格"一节）。

他们需要看到一个清晰的成绩排名，就像在部队或体育比赛中一样，这对他们的进步有帮助。儿童组第三名、儿童组第二名、儿童组第一名；少儿组第三名、少儿组第二名、少儿组第一名；成人组第三名、成人组第二名、成人组第一名；候选运动员、运动员、国家队、奥运冠军：一切都很清晰明了的话，他们就知道自己处在什么等级，该往哪个方向努力。有目标他们就会朝着它努力前进；没有目标，没有人给他们指明方向，他们的精力就无处施展。活泼型男孩如果没有去参军或者学体育，就可能会成为黑帮小混混的头儿。

如果缺乏固定的制度，或者一定的行动计划，孩子就会脱离父母的控制。如果他们不听话，说明他们只是不明白该干什么。而有了计划以后，他们的反应就会很迅速，配合度也会很高。

除此之外，需要给这类孩子制定时间表，如果不设定期限，孩子就会迷茫。家长要明确地告诉他们："我们20分钟后一定要到那儿。""明天早上我们要做……"必须让他们清楚，什么时候要做什么。

活泼型孩子需要有人领导，他们清楚什么是上下级关系。活泼的孩子希望一切都是正确的，他们有很强烈的正义感，他们只能尊敬一个自信且有能力的领导，听从他的指示。如果一个领导不值得他们的尊重，他们也不会追随这个人。

别人告诉他："你一定要听老师的话。"

那样他只会回答："他是个傻子，他干的那些事，一点也不像个合格的老师。"

"不管怎样你还是应该听老师的话。"

"我做不到！"

就这样，一旦这个人破坏了自己的威信，他就不会再听他的话了。

对这个类型的孩子而言，和他们说什么不要紧，重要的是谁在和他们说话。如果是一个严肃的、权威的人士，他们会认真地倾听对方，哪怕当时正在去卡拉干达①的火车上。对于敏感型的孩子来说，重要的不是说什么和由谁说，而是怎么说、用什么样的语气和音量说。

活泼的孩子，看到大人物就会想："聪明人讲聪明话，得好好听。"不管讲多么有趣的事情，只要讲述人实力不够强，他们就不会听。

这些活泼的孩子会挖苦水平不够的老师。虽然称对方为老师，但这些人的实力其实根本没达到应有的水平。所以这些老师不是领袖，不能教会他们什么。活泼型的孩子在听不够权威的人说话时，会产生一种不公平的感觉：他们会觉得这个人就是骗子、彻头彻尾的骗子。活泼型孩子从小就对人

---

① 卡拉干达州为哈萨克斯坦共和国面积最大的一个州，位于哈国中部。——译者注。

有这种"嗅觉"。

妈妈对活泼型孩子的批评和祝福，大多会配上一句话："这是爸爸说的。"对这类孩子来说，这是一个非常重要的意见，应该听从。

如果你对敏感的孩子说同样的话，他们的反应会是："爸爸说什么了？我能相信他的意见吗？"

但活泼型孩子的反应完全不一样，对于他们来说，如果爸爸是个自信果敢的人，爸爸就是权威。你能想象部队指挥官走近士兵，迟疑地问："士兵们，我得在这里挖个陷阱，你们也得和我一起干，我很理解你们的辛苦和不满，但是我没办法。"

不，这种事不可能发生，服从命令是士兵的天职。对于孩子来说，父亲就是上级，正如在军队中一样，没有人想去质疑他的命令。

我再强调一遍，如果你们不给孩子设置任务和目标，他们会自己找事情做，哪怕这些事对他没什么好处。如果这些孩子学到了什么理论，一定会付诸实践。活泼型孩子总是会制造一些麻烦，比如制造爆炸、锯磁铁、放鞭炮等。

教育这些孩子时，十分重要的一点是与他们合作，也就是以身教为主。他们需要有某种指导，可以带他们玩一些积极的游戏，比如苏联的"闪电游戏"①。如果缺乏指导，这些孩子会自己玩一些奇怪的，甚至危险的游戏。

成功实现某种计划和某个目标是对这类孩子最好的激励。也就是说，一开始要引导他们收获第一项成果，一旦解锁了第一个成就，他们就会开始刺激自己，以取得进一步的成功。只要推他们一把，他们就能自己走，之后就不用再推他们了，因为他们已经自己建立了一个系统，在成为世界冠军之前，他们自己已经安排好了一切。

对这些孩子，父母需要平和但坚定地引导他们："你可以不同意我说的话，但先执行命令，过后再讨论。"最好不要花过多的时间和他们解释到底要做什么。

父母最强有力的一句话是"我只是想让你去做"，不必向他们解释什么，这个类型的孩子更容易接受这种明确的命令。敏感型孩子对这样的命令会有什么反应呢？他们会非常消极地想："就想我那样做？别的没有了？"但对于活泼的孩子来说，这没什么。

如果活泼型的孩子失去控制，他们就会变成臭名昭著的小混混，因此很重要的一点是不要当着其他孩子的面批评与打骂他们。批评他们的先决条件是经常夸奖他们取得的成绩。

---

① 军事模拟游戏。

批评人的作用其实不大，在别人面前批评孩子是不可行的，他们很可能会用更偏激的行为来回应。**批评孩子之前，更需要经常赞扬孩子的成绩。**

◎ 第三类　社交型（交际型）

这类孩子人格发展的基础是与人的关系，换句话说，对他们而言，交流是最重要的事情，重于一切。

他们什么都想做，但最后什么都坚持不下去，家长们为此担心不已："怎么办，他什么都要，但得到后马上又都扔了。"别担心，这种孩子的天性就是这样的。

他们的愤怒爆发常常与一成不变有关，他们忍受不了单调的生活，经常抱怨"我厌倦了"。活泼型孩子日复一日的生活作息对这些孩子来说是难以接受的。

他们喜欢特立独行，不是因为他们有什么不满，而是他们有自己对生活的理解，试图使活动更多样化。他们不会按部就班地办事。就像一个艺术革新者，你找他画自画像，他会给你画一幅抽象画。所有先锋派、抽象派艺术家的出现都是因为他们想要表达自己、想要改变。

他们不能像运动型孩子那样生活——被要求做这个、拿那个。

如果给这种类型的孩子20卢布，让他们去买牛奶，最终他们买来的可能是五花八门的物品——他们买来的很可能不是牛奶，而是奶酪或小饼干，因为他们会将任务多样化。如果让这样的孩子递一下水，他们可能会递来牛奶，然后说："我觉得牛奶更好。"所以必须明确地告诉他："但我想洗个头，给我打点水！"

这些孩子很不愿意集中注意力。事实上他们也无法集中注意力。对他们来说，生命在于运动。但这里的运动不是身体运动，而是事物的变化性和多样性，这体现了他们对新信息的渴望。

杂乱无章是这类孩子成长和学习过程中的特点。所以，不要期待他们将房间收拾得多干净，如果父母帮他们把房间整理得干干净净，反而是毁了他们的世界。

但是给他们机会研究、改变和保留自己的个性，社交型的孩子也可以学会有始有终。他们不是执行者，他们永远是个人主义者，只做自己认为有必要做的事，换句话说，强迫他们是行不通的。

我自己本身是专业厨师，可以坦白地说，在学习烹饪的时候，有些人不需要菜谱；有些人则会要求提供详细的流程图——标明每一步，用量精确到克——他们完完全全按照配方去做就可以做得非常好。也有些人，你只需要告诉他们："你看，我们这儿有土豆、洋葱，你能烧道菜出来吗？"凭借这个材料清单，他们马上就会开始思考这些材料可以做什么菜，而且烧出来的菜多半很美味。因为他们很有自己的想法，无法执行别人的想法。

活泼型、军队型的孩子很容易贯彻自己尊敬的人的思想，他们清楚有人在替自己决定一切，但交际型孩子做不到。

他们很容易遗忘。你告诉他们点什么，他们转眼就忘记了，已经答应好的事，他们也很难记住——他们不是不重视，只是容易忘记。他们身兼多职，专注于自己的创造性思维和活动，以至于瞬间就忘记了其他一切。就算指责他们健忘也无济于事，所以最好不要因此责怪或惩罚他们，如果天性得到了尊重和满足，他们最终会学会集中注意力的。

如果一个交际型的孩子拒绝父母的请求，要找到其他的方式来让他达到父母的要求，比如换一个任务或换一个新的说法。

如果孩子对某件事情有异议，应该告诉他："好吧，你有什么建议吗？如果是你，你会怎么做，你想要什么？"这些孩子只有在自己的想法下，才会去做一些事情。也只有这样，他们才能把事情办好。

对这类孩子而言，最大的动力不是来自他人的理解，也不是清晰的目标和权威，而是改变——一定要有一些改变，如果一成不变，对他们的发展很不利。

这样的孩子不可能在一个系统里待很久。在未来的工作中，这样的人前三个月可以用创意震撼大家，之后他们就会感到厌烦。要么看开一些，要么做出改变。如果什么都不发生，他们就无法正常工作。

对他们而言，天生的想象力是生活里的主要工具，因此日常生活中大部分的信息，尤其是来自电视或者网络的信息，会对他们的想象力造成一种破坏。他们的接受力很强，能够加工这些信息。如果他们一直看电视，最后可能会发疯，因为在这个过程中他们对信息的处理并没有停止，也就是说在一天之内这个孩子前一秒还梦想成为挪威的捕鲸者，下一秒又想着成为极地探险家。

交际型孩子是一群最开朗、最有趣、最敏捷乐观的孩子，其他类型比如军队型孩子，远没有这么开朗。

交际型的小孩最需要的是生活的体验和变化，如果感觉到无聊，他们不会干坐着，而是会努力去做一些事情。

对这些孩子而言，生活应该是一场冒险，他们善于交际，健谈，容易和人打成一片。他们的人缘很好，通常大家都喜欢他们。其中有些人从小就敢大方地走近陌生人，问："叔叔，你叫什么名字？你多大了？你有妻子吗？她叫什么名字？你和她会生小孩吗？"

他们的性格随和，通常不记仇。但这些孩子的感情也很浅薄——也就是说和他们交朋友容易，分开也很容易。

这类孩子可能是表面化的、健忘的、不可靠的，不要指望他们能信守承诺。

"你答应过要去画画的！"

"那又怎样？是的，我答应了。我想去的时候就去，但现在我不想去就不去，我不喜欢那里。"

这样的孩子最需要的是交流。如果他们在学校过得不开心，最好让他们调到别的班级甚至转去别的学校，因为无法和其他孩子交流的话，他们就什么也干不了。其他类型的小孩完全不会因此受伤，敏感型孩子会沉浸在自己的小世界里；军队型孩子在哪所学校读书，有没有捣乱都没什么太大的区别；但对于交际型孩子来说，人际关系是至关重要的。

这个类型的孩子，课后很难把东西收拾整齐，因此不要期待他们的书本和练习本能摆放好，不可能的，他们的物品一定会是乱糟糟的。其实他们也在按照一定的条理摆放自己的东西，但是只有他一个人明白什么东西放在哪儿。混乱是他们天性、他们的世界的一部分。

创作对于这样的孩子来说不是件易事，我的意思是他们无法完成一些需要计划的、连贯的事，比如编织——这是个系统的工作。而且他们也无法执行现成的方案，因为这种方案只需要根据指示完成一系列的操作。

◎ 第四类　接受型

什么是接受型？这个定义来自"配方"一词，即现成的方案。

这些孩子对即将发生的事和该怎么做很感兴趣。与之不同的是，军队型的孩子心里有一个权威人士，随时指导他们应该往哪儿走。而对于接受型的孩子来说，必须制定某个制度，让他们知道整个计划是什么、下一步该做什么。

对于这种类型的孩子来说，更重要的不是自己要做什么，而是别人要做什么，以及为什么要这么做。他们很关心周围的情况——爸爸在做什么，妈妈在做什么——如果对周围的情况缺乏了解，他们会感觉不自在。

这些孩子天生反应有点儿迟钝，但这也不见得是坏事。老话说，慢工出细活，所以这些孩子反应慢一点，也是正常的。

一些意外状况可能会让这类孩子遭受打击、惊慌失措。他们会提前做好一百步的计划，但如果这个计划在第八十八步时出问题了，这些孩子就会手足无措，不知道该如何继续。他们会怀疑整个方案都是错的，所以会推翻它并重新想一个方案。他们无法自主做决定。

这种类型的孩子需要一个制度。对他们来说，最好的激励是"重复和节奏"。也就是说，他们需要每天在同一时间睡觉，同一时间起床，多次重复同样的事。他们不仅需要被规定睡觉时间和游戏时间，还需要被规定放袜子和玩具的地方。

这些孩子需要一个确定的与父母沟通的时间，比如告诉孩子每天睡前去找妈妈，坐下来聊五分钟，他们到时候就会明白：现在该去找妈妈聊聊今天是怎么过的了。

这样一来，你白天问他"过得怎么样"时，他沉默不语，到了晚上，他会过来告诉你一切。怎么会这样呢？因为这个行为重复了很多次以后，已经变成了他的固定模式。

激励这类孩子很重要的一句话是"该做这个了，该干那个了"，他们听到了会乖乖地去做。而一听到"该吃午饭了"，他们就会像巴甫洛夫条件反射实验里的小狗狗一样，开始分泌胃液。

这个类型的孩子心地善良，富有同情心。他们学得比较慢，在学习上他们可能会感到有点儿吃力，无法同时掌握很多知识，但是总是很配合。五月发了下学期的书，有些类型的孩子还没到六月就能把书看完。但接受型的孩子做不到，同样的事他们要一遍遍重复很多次。

接受型的孩子要花很长时间才能学会背诵，他们可能要重复一百遍才能记住某一首诗歌。这就不像有的孩子，他们在家从不背诗，到了教室里坐下时才开始想："我现在把所有诗读一遍就记住了。"事实上他们真的能记住。但这对接受型的孩子来说行不通，他们做一切都一定要按计划进行，要经过重复多次，深思熟虑。

接受型孩子的行为特点之一是，如果没有人鼓励他们去做某件事，他们会很乐意什么也不做。他们可以随便坐坐、休息、发呆、听歌或者睡觉，如果能什么也不做，他们就什么也不做。他们有一项原则：能走就不跑，能站着就不走，能坐着就不站着，能躺着就不坐着。这个原则几乎适用于所有接受型的孩子。

对父母来说最重要的，是要让孩子知道该干什么了，提醒他们"该做这个了，该做那个了"。

这类孩子需要时间来适应新环境，然后才能开始交朋友。与交际型孩子不同，他们不擅长交朋友，然而，一旦他们跟某个人成为朋友，关系反而很牢固，不那么表面——他们只是需要多一点时间来建立关系。

在这里，再总结一下，孩子可以分为四种类型：

敏感型

活泼型

交际型

接受型

如何与孩子沟通，取决于他们属于什么类型。严格地说所有的孩子都是接受型，只是接受的方式和信息不一样，这是需要注意的。而且也无所谓哪种类型的孩子更好，只是面对不同的孩子，我们的教育目的和方式应该不一样。重塑孩子的类型毫无意义，父母真正要做的是找出孩子属于什么类型、什么性格。

给称职父母的十诫

　　我们前面谈到了孩子的类型，现在让我们回到书的开头，请父母记住教育孩子最重要的一点：从自己做起，教育孩子之前，先教育自己。这是什么意思？父母的哪些品质对培养幸福优秀的孩子至关重要呢？

　　我们总结了十条给称职父母的建议，乍一看它们可能有点儿奇怪，但是我认为它们对培养孩子至关重要，我指的是培养幸福的孩子，而不是到了16岁就开始玩消失不爱学习的孩子。

　　在育儿的问题上，教育家雅努什·科扎克[①]曾经提出超越时代的观点，他所处的时代正是历史上很糟糕的时期——战争期间的波兰，他和他的学生们一起被送到犹太集中营，死在毒气室。但他关于教育孩子的著作却保留了下来，对我们的研究很有帮助，其中很多观点与本书的教育理念不谋而合，对当代儿童教育仍有现实意义。

―――――――――――

①　雅努什·科扎克，波兰教育家，犹太儿童孤儿院院长，被称为"儿童权利之父"。

◎ 告诫一 不用成人的标准要求孩子，他们不一样

不要期望你的孩子和你一样，或者变成你想看到的那样。帮助他们成为自己，而不是成为你。

这听起来很简单，道理大家都明白，但实行起来真的很难。所有人都觉得孩子是一张白纸，想在上面画什么都可以，所以父母才更想积极地参与到教育中。但是，父母的教育是怎么表达的呢？往往是给孩子灌输一些老套的观念而已。但孩子并不知道真相，比如老一辈常说，"女子无才便是德"，养个姑娘烧水做饭，生个儿子替自己还债；也有人养儿防老，怕自己老了没人给自己端茶送水。父母灌输的这些刻板观念真的会让孩子"终身受益"吗？

《阿甘正传》是一部很好的电影，甚至可以说非常棒，其中有这样一段对话："福瑞斯特，你长大后想成为谁？"他回答说："为什么我不能做我自己？"

我们一直准备着去成为某个人，但是每个生命降临到这个世界的时候，有着自己的本性，他的角色已经提前写好了。所以别再说孩子是一张白纸。

◎ 告诫二　不要要求孩子偿还你为他所做的一切

你给了孩子生命，他会如何报答你呢？他将给另一个人生命，另一个人又会再给第三个人生命——这就是生命的感恩法则。因此孩子无法真正回报你，他不能对你做同样的事——给你生命。

如果父母期待孩子这样做，那可谓是疯了。如果妈妈对孩子说："你要好好学习，因为爸爸抛弃了我们，你要变聪明，这样以后可以多帮妈妈的忙。"这很不正常，因为这种话意味着"如果你不读书妈妈会很难过"。结果孩子会一直渴望长大，然后早点离开妈妈，因为妈妈一直给他压力，强迫他为爸爸的错买单。

如果家长抱着从孩子身上得到什么好处的希望，那么最后多半会很失望，这种想法是不正确的，生孩子、养孩子、让孩子接受教育不是为了让自己安度晚年。因为天可能不遂人愿，你期望孩子给你养老，他可能反而会躲避你，你会因此抑郁而终——孩子抛弃了我，他不爱我。

有时候，父母会自己想象一幅田园风光的画面，画中的父母与孩子相亲相爱，安度晚年。年迈的妈妈和爸爸待在自己的房间，每天早上孝顺的孩子们会过来问候："妈妈，爸爸，早上好！你们早餐想吃什么？"

"我们要加酸奶油的乳渣饼①。"

十五分钟过后。

"亲爱的父亲母亲，乳渣饼准备好了，你们想去厨房吃还是送到这儿来？"

父母以为儿媳妇或者女婿会称呼自己为爸爸妈妈，并向自己请教每件事能不能做，但这是不可能的。父母应该鼓励孩子拥有自己的生活。

◎ 告诫三　想要老年不受罪，就别拿孩子出气

种豆得豆，种瓜得瓜，因果循环。在这个世界上，我们在与人交流的过程中总会得到一些积极情绪，但世界是一个钟摆，相应地，也一定会产生一些消极情绪。而且每一个家庭都遵循着一个规律，积极情绪越多，随之而来的消极情绪也越多。

家庭是我们情感的栖息地，获得最多积极力量的地方，也是让我们失望最多的地方，这就是生活的本质，我们无法改变。所以，摆脱负面情绪在家庭中非常重要，关于这一点我们在上面的"关系生态链"里已经详细地讨论过了。

---

① 乳渣饼（сырники），俄罗斯传统食物之一，一般由奶渣和糖制成。——译者注。

◎ 告诫四 孩子有错也不要居高临下地对话

每个人都在承担自己的人生，放心吧，孩子不比你轻松，他们的处境甚至可能更糟糕，因为他们年纪小，而且没有人生经验。

在我们看来，孩子的问题是小事。当孩子有问题请教父母时，由于知识水平有限，父母们往往错误地安慰孩子："哎，没事没事，都是胡说八道的，你觉得你这样缠着蝙蝠侠，他的脑袋会坏掉吗？现在日本发生了海啸，中国在崛起，这才是我关注的问题，你和你的蝙蝠侠玩去吧。"

但是我们要明白，孩子的事没有小事，他们是真的会很烦恼。

◎ 告诫五 不贬低孩子

这一条很简单但是很重要。家长在任何情况下都不可以贬低羞辱孩子。如果你希望孩子在经过你的羞辱之后，会努力变得更好，那么你就大错特错了。这不可能，孩子只会怕你，还会变得畏畏缩缩，最终成为唯唯诺诺，缺乏主动性的人，像一株没有生命的植物。但是这是你造成的。

家庭关系里也有一条相同的规律，试图通过批评和羞辱一个男人来使他进步，这是没有用的。批评不会改变一个男人，也不能改变一个孩子。不要羞辱孩子，相反，你要指出他们的优点，并加以赞扬，尽量激发孩子的积极性。

◎ 告诫六　孩子的未来，其实我们猜不准

父母最重要的是看见孩子的本性。孩子是一个个体，父母的任务是与他们多多沟通。在父母和孩子中间一直有交流的桥梁，大人应该找到孩子感兴趣的东西，参与其中并适时给予孩子帮助。如果孩子展现出了对某项物品的兴趣，比如船模，那么父母需要支持孩子，不要光嘴上说说，而是要给他们买书籍，哪怕一个月以后就被他扔掉也没关系，只要学到的知识没有丢，就一切都好。

◎ 告诫七　不必事事帮孩子做主

父母都愿意为孩子竭尽所能。如果超出了自己的能力范围，无法为孩子做到，也是可以原谅的，请不要折磨自己，更不必因此自责，觉得自己不称职，不如其他父母。

孩子只有在自己的需求没有得到满足的时候，才会有小脾气。这并不意味着他们会要求父母给自己买雷克萨斯或酒精饮料，至少正常的孩子不会这样。正常的孩子如果看到父母做的一切都是发自内心的，他们只会感激父母。

正如心理学家和古往今来的智者们说的，孩子有这样一项

功能，他们喜欢也有能力让父母开心。他们爱自己的父母，喜欢讨好自己的父母。

　　有时候，我和自己的孩子说话，看到他神色开始紧张，支支吾吾："嗯，其实，爸爸，我……"我马上就觉得不舒服。如果他低着头，不高兴了，我就说："好了，好了，没事了，你刚刚像忍者一样一棒子把五个吊灯的灯泡打掉了三个，打破了就打破了吧，就让它继续那样挂着。"我们装好了灯泡，然后妈妈说："这不符合风水，会破财的。"于是我们把灯泡取下来，重新挂了别的东西。所以，灯打碎了，事情也过去了。其他类似的情况，比如把电视机消磁了，也不算什么大事，找个修理师傅用电焊重新加磁就好了，真没那么严重。

　　孩子什么都懂，其实他们做得还可以，所有孩子都没什么大问题，有问题的大都是父母。为什么有些父母会失职呢？因为他们的父母也没做到位。我们从父母那儿学到的一切，又会转移到孩子身上，这时最重要的一点是把这个传递链给断开，也就是不要把我们父母给予我们的不良教育施加给我们的孩子。

◎ 告诫八　孩子不是占据我们全部生活的"暴君"

孩子不仅仅是我们的亲生骨肉，还是生活给我们的恩赐——让我们能够呵护和培养这颗富有创造力的小火苗。父母应该给孩子轻松的爱，因为孩子不是"我的""我们的"物品，而是一颗交予父母守护的灵魂。

孩子是上苍赐给父母，让他们呵护和爱的。对于夫妻关系来说也是一样，丈夫或妻子也是要彼此关爱的，家庭成员首先是尽到自己的责任，其次才是权利和机会。

每个人的权利都来源于履行责任，如果家庭中的每个人只享受权利，没人愿意尽义务，这个家庭就会破裂。丈夫想要妻子履行义务，妻子也要求丈夫承担自己的责任，在这种情况下，你拉住我，我拖着你，只要维持着平衡，家庭还是能保住的。但如果一方发觉自己付出的比得到的多，便会开始想——"哼，你要立即离婚，离开这个浑蛋"或者"把她赶出去，然后重新找一个心甘情愿付出，还不计较收获的傻白甜，这才是一段'好姻缘'"。

最理想的状态是，一个男人愿意为女人付出一切，不为了得到什么回报，而是觉得这是上帝交给他守护的人。如果女人也明白，自己应该好好照顾这个男人，不是为了要求什么回报，只是因为成为一名母亲和妻子是女人的天性，那这个家庭自然就和谐了。

◎ 告诫九　能够爱别人的孩子

懂得爱别人的孩子，己所不欲，勿施于人，你不希望发生在自己孩子身上的事，也不要对别人的孩子做。其实，人应该学会爱所有的小孩，再往大了说，要爱所有的人。我们有时会困在自己的小家庭里，狭隘地以为自己可以通过憎恨别人来建立幸福，但这不可能。

◎ 告诫十　接纳并无条件地爱自己的孩子

无条件地爱自己的孩子——哪怕他们不聪明、总是失败，哪怕他们很幼稚或者很早熟。和他们谈谈，让他们振作起来，只要孩子还陪在你身边，就一切都好。有人找我咨询，跟我讲："萨吉亚，我很烦我的父母，他们天天做这个忙那个。"

我说："别担心，孩子，他们不会一直这样。"

"你什么意思？"

"我的意思是，他们很快就会去世，到时候你就解放了，到时候你会伤心、难过，帮他们选块墓碑，安葬他们。到时他们再也不会给你添麻烦了，你不要以为他们永远都在，趁他们还健在，好好珍惜这些时光吧，他们已经活了大半辈子了，一直用自己的方式在爱你，只是你还没发现而已。"

"那我该怎么做？"

"爱自己的父母，而不是和他们吵架，你可以找别人争吵打斗，但不要和自己的父母这样。"

同样的话我也对前来咨询的父母们说过。

"我和孩子之间出现了点问题。"

我说道："别担心，孩子很快就长大了，到时候就离开你了。"

毁掉孩子自信的
30 个雷区

02

在心理学上有一条经验法则：从积极角度开始的谈话，往往都可以友好结束，因为这时谈话人能够平静地接受一些负面意见。因此，遵循心理学的法则，我们前面已经讨论了我们需要成为怎样的父母，现在我们要谈谈成为合格父母的路上有哪些绊脚石。让我们从旁观者的角度审视自己，看看哪些是父母不能做的。

不称职的父母最常说的十句话

在教育孩子的过程中，有些话我们一定要避免对孩子说，要把这些话从自己的日常用语中剔除。当然，除了话语本身以外，我们还要去除导致我们想说那些话或者想要那样做的心态。

这些话是怎么来的？这些话好像是人们在哪儿专门学的一样，比如学校。类似的话在很多学校里并不陌生，耳濡目染后它们就死死地停留在我们的潜意识层面，同时，这也是一代代教育传递的结果。

如果你把这十句不合格父母说的话写下来，记住并尽量避开用在自己孩子身上，你的孩子会更快乐。

第一句正是失格父母们说的最危险的一句话。

◎ 第一句 还是我来吧，你什么也干不了

孩子做什么事，父母都在旁边看着，同时防备着孩子损坏东西。比如儿子拿杯子去洗，摔了一跤，杯子是爸爸从沃罗涅日带回来的，除了那儿别的地方买不到，上面印有《利久科瓦大街上的小猫》①的图案。妈妈听到后开始尖叫："放在桌子上，我自己洗！"这样的情况数不胜数，直至家长开始替孩子做功课："让我来写吧，不然你乱涂乱画，到时老师又得请我去学校谈话。"

心理学家证实，这句话会给孩子造成情感创伤，甚至会导致孩子心理残疾。

如果长期对一个人说"你做不到的"，他就真的什么也做不到。

一个女孩曾经给我讲过她的酒鬼叔叔和他的儿子。所有亲人都对叔叔心灰意冷，任他自生自灭了，但是大家担心儿子会步他父亲的后尘，亲人们常当着可怜的孩子的面讨论这个话题。他们这么做对他而言是一种"挑衅"，但日后如果他真的成了酒鬼，大家再痛惜也不会意识到，正是他们当初那些谈话让他变成这个样子，他们曾经假设的他未来的样子。他们为什么要假设他成为

---

① 沃罗涅日为乌克兰城市名，《利久科瓦大街上的小猫》为苏联著名动画片。

酒鬼呢？如果把他想象成未来的试飞员或许结果就不一样了。

负面的假设也是暗示。"你什么也做不到，让我自己来"——这正是消极暗示，把孩子规划成一个失败者，孩子也会因此觉得自己蠢笨，像一个白痴。

试想一下，如果妈妈说："让我来帮你系鞋带吧，否则你又会系得像傻瓜一样。"孩子已经15岁了，妈妈还在帮他系鞋带，因为没有妈妈，他就会被鞋底绊倒在大街上。妈妈控制着他的一举一动，到了将来他已经不敢主动出击，因为他认为父母会指责自己。于是他决定——最好什么都不要做。

之后他的父母开始抱怨："他整天就知道玩电脑，什么都不想做。"

那他应该想做什么呢？

他早就被规划好了，他心里清楚："无论我做什么，我的父母都会说我是个白痴。"于是他日渐消沉，年复一年地无所事事。父母说："至少你得结婚娶老婆啊。"而到了孩子的耳朵里，他是这样理解的："你快点离开这个家吧，花这么多钱把你养这么大，吃得又多，你离开家，爸爸妈妈就可以享受生活了。"有时候我们不知道孩子是如何理解我们说的话的。

不合格的家长经常说这句话，有时不是直接说，而是拐着弯儿说。但正常的父母应该只是在孩子尝试做各种各样的事的时候做个旁观者。如果孩子说"哎呀，我做不到"，你需要教他怎么做，而不是一把将事情夺过来说："让我自己来，你看好应该怎么做。"

◎ 第二句　拿着吧，安静点

父母对孩子说这句话，其实是在告诉孩子，他的撒娇和抱怨奏效了。还有另一种极端做法，孩子已经在士力架的柜台前歇斯底里地哭闹了二十分钟，而妈妈冷静地站在一旁，就等着他筋疲力尽，心想："让他大喊大叫吧，喊累了自然就安静了。"

但对孩子来说，这种处理方式也是一种伤害，百分百的伤害。如何能摆脱这种局面呢？我们应该怎样处理呢？

只要把孩子的注意力转移到别的地方就可以了。孩子哭闹的时候你可以不给他买士力架，但在任何情况都不能用这些理由解释为什么不能买——不能说爸爸挣得钱很少，我们没有钱，等等。

如果父母在孩子歇斯底里的哭闹后给他买东西，他们的威严马上就会消失。不必试图讨好歇斯底里的孩子，否则他会自动发现一个规律：歇斯底里——得偿所愿。这样一来，孩子必定会经常使用这一招。

◎ 第三句　再让我看到一次，小心点

想一想这句话是什么意思，有什么意义吗？听到这句话，

孩子应该怎么办？他不理解这句话的字面意思。他明白这是在吓唬他，但是他不知道具体因为什么要受罚，也不知道自己要面临什么样的惩罚。

5岁到14岁的孩子能明白"如果你做了这个那个，就会有这样那样的后果"。但当他们听到"再让我看到一次"时，明白了关键词是"再看到一次"，也就是说，他们只要保证没人看见自己在干什么就万事大吉了。

这句话会让孩子委屈、迷惑，激发起他们试图掩盖事实的想法。他们心里这样为自己开脱："我没有做错什么，只是做得不够隐秘。"

于是，结果往往是这样，孩子开始偷偷做坏事。

父母们一定要给孩子解释清楚，这个世界上通常有哪些后果，需要让孩子们明白，有因必有果，如果那样做，就会有那样的后果。

但这不意味孩子需要被告知，犯了什么错爸爸会用皮带抽他们的屁股，做错了什么爸爸会像衣柜里的芭芭巫婆①一样教训他们，尤其是后者，完全没必要。爸爸可以吓唬孩子，但不应该和惩罚联系在一起。这不是教育孩子，这种方式太奇怪了，在旁人看来就像是精神病发作。

---

① 芭芭巫婆是俄罗斯动画片中常见的坏人形象。——译者注。

你们可能会问，那如果孩子不听话怎么办呢？毕竟，家长有必要让孩子知道什么是好、什么是坏。孩子做了坏事就应该批评，好让他们避免下次犯错。

可以责骂孩子吗？可以，但是在这之前你要回答十个问题。

1.你的要求与孩子的年龄特征冲突吗？

9 岁或 10 岁之前的孩子还不懂坐和等待，小孩子在 9 岁或 10 岁左右才能学会坐和等待，这时他们的意志领域刚刚形成，在这之前，比起你的"应该"和"必须"，孩子会更多地遵循自己的"我想要"。

2.你是否了解孩子行为的原因以及他们的需求和愿望？

更多的时候，我们并不了解这些，然后就无缘无故地责骂孩子。

3.你是否考虑到了孩子的状况？

孩子有没有可能是累了或饿了？是不是有人在欺负他们或者吓唬他们？或许是他太兴奋了，一时忘形，所以控制不住自己？黄金法则说，如果孩子能管得住自己的话，他们一直都会很乖。

4.你的要求是不是抑制了孩子的自由发展？

孩子习惯什么都摸一下、尝一下，喜欢钻进水里，看到什么都要探头望一下，这不是你认为的自讨苦吃，而是让孩子自由发展和体验生活的快乐的礼物。

5.你是不是违背了孩子的生理特点，你的要求合理吗？

很多家长觉得自己是催眠师和通灵师。他们可以根据自己的意愿让孩子睡着，肚子饿或者平静下来。就像一个老笑话里讲的：

"弗拉迪克，回家吧！"

"妈妈，我饿了吗？"

"不，你不饿，你冷。"

6.孩子的行为是不是真的冒犯了你？还是你所做的一切都是出于怨气？

有时候，父母对某人有一肚子的旧怨。但你要记住，这不是你的孩子造成的。你没必要因此骂孩子或者报复在孩子身上，因为他们不是以前伤害过你的人，而是你的孩子。

7.你会把自己的疏忽、遗忘和懒惰都推到孩子身上吗？

可能今天你许诺了一些事情，第二天就忘了，然后处罚孩子或者怪孩子没有提醒你，于是责任落到了孩子身上。

8.你自己懂如何合作和商量吗？你能教会孩子这些吗？

很多时候，我们自己在家里和丈夫或妻子的意见都无法达成一致，却想和孩子达成一致。其实大多数情况下，我们只会吓唬孩子。

9.你是不是高估了孩子评估危险和预见自己行为后果的能力？

很多孩子因为太小，尚且无法想到自己行为的后果，也无法全面地评估可能的危险。

你有没有否定孩子对自己的愿望、兴趣和动机的决定权？

你有给他快乐的权利吗？

◎ 第四句　马上给我停下来！

通常家长们说这句话的时候语气比较强硬，可谓是斩钉截铁。他们说这句话的时候不是没有情绪的，他们期待孩子们能像关灯一样马上做到。父母们希望一说完"我说现在就停下来"，孩子立马从叽叽喳喳的状态中安静下来。但是不能对孩子这么唐突，家长们也不应该突然提高嗓门，因为当大人用大嗓门说话时，孩子根本什么也听不进去，他们只会觉得："爸爸很凶，很坏，我不喜欢爸爸了。"

这时哪怕爸爸试图解释点儿什么，孩子也听不进去。因为他们很不服气，觉得自己在家毫无地位。他们会发现自己根本没有任何权利。渐渐地，孩子会形成一个反应机制，根据父母的心情需要来表现这样那样的情绪。"我让你笑一笑，你干吗哭丧着脸？这样就对了，笑一笑！"如果孩子这时笑出来了，你有什么感觉？这样的孩子已经有点儿病态了。类似的还有家长一说完"别哭了"，孩子的眼泪马上就停住了，好像关掉了"哭泣"按钮。正常的孩子是做不到这一点的，也不应该做到。

还有一点非常重要。哪怕是最爱孩子的父母，在对孩子发脾气时也会不由自主地提高嗓门。而不合格的父母们还有一个很严重的问题——他们不会道歉。父母不肯对孩子道歉，是一个巨大的悲剧。

请记住这一点！

如果父母做错了，请一定要向孩子道歉！

通常家长脑子里都有一个这样的逻辑："如果我向他道歉了，我就会失去威信。"但实际上恰恰相反，你只会因为其他原因失去威信，其中之一就是你不肯道歉。你错了，孩子也知道你错了，还知道你意识到了自己的不对，但不知怎的你没把事实说出口，于是孩子便把所有情绪都掩藏了起来。

大人们期待着这句话——"我说了，立刻停下来"——能起到一定的效果，孩子就能马上停止做家长不喜欢的事情。但孩子对这句话的标准反应是抗拒和抗议。这不是故意作对，他们只是开始自卫。只要你给他们施加一个作用力，就一定会获得同样的反作用力。如果幼儿听到这句话，他们就会开始哭闹，变得任性。大一点的孩子们则立马闭嘴，转身进了自己房间，门也锁起来了。过后你一直敲门，问："今天在学校怎么样啊？发生了什么事吗？"但你只会得到一个答案："就那样呗。"就这样，父母关闭了与孩子们沟通的渠道。

甚至当孩子们需要家长的建议的时候，他们也不会向自己的父母求助，而是会去找院里的小伙伴，或者学校里认识的五花八门的人要答案，然而，这些人知道的可能还不如孩子自己多。

◎ 第五句　你要明白……

这句话可以延伸出非常多的版本："你要明白，爸爸很累。""你要明白，妈妈没有钱。""你要明白，你是妈妈一个人把你抚养长大的。""你要明白，世界就是这样子，你必须学习。""你要明白，天下的男人都是浑蛋。"

也就是说，当家长要求孩子明白什么道理时，其实是希望孩子听完他们说的话以后，立马就能理解这一切。父母确信，只要他们按下这个按钮，孩子就会自动上升到他们需要的高度，然后会被安装上他们需要的程序，但事实往往不是这样。

孩子们不接受道德教育，也根本理解不了。

确实是这样，他们无论如何都接受不了道德教育，一点儿都不行。道德教育只会产生负面效果。不信你回忆一下，你还记得自己小时候是怎么理解这些道德教育的吗？想必你当时也不理解，甚至都无法复述出来，因为对当时的你来说，你只听到了"嗡嗡嗡"，至于父母说了什么，你都当作耳旁风。

父母在对孩子进行道德教育的时候，孩子会感觉自己像是个马桶，父母在向自己不停地发泄情绪，他们则一边站着，一边在内心呐喊："天哪，这什么时候才是个头啊！"然后，等父母们终于停下来的时候，他们高兴极了："谢天谢地，一切终于结束了。"

事实上，这一切并没有结束。父母给孩子带来了情感伤害，却不会因此受到任何惩罚，为此埋单的是孩子，他们一生深受其害，甚至心理扭曲。所以，父母要做好心理准备，给孩子留下的伤害可能会报应回自己的身上，等自己牙齿掉光无法咀嚼食物的时候，深受其害心理扭曲的孩子是否愿意为你准备细软的食物？

◎ 第六句　你那样很不像男子汉 / 女孩子！

这里讲的是偏见或者社会标准带来的压力。父母总是希望灌输给孩子这样一种印象，即自己变坏会被大人责骂，所以应该表现得很乖，或者下定决心改变自己，好让妈妈夸自己是个好孩子。但事实上这种刻板印象是愚蠢的，随着孩子长大，这种观念会一直固定在孩子潜意识的某个地方，在一定程度上阻碍孩子的成长。

这有点儿类似广告对我们潜意识的影响，看到商家给一些完全不必要的东西打广告，你笑着说只有白痴才会上当。但当你走进商店，面对一堆你不认识的产品，你最终一定会选在广告中看到的那个，因为这是你熟悉的东西，而这正是商家打广告的意义。

同样的情况也发生在孩子和父母的关系中——当父母说出男孩子或女孩子应该怎样怎样时，这些刻板印象就像那些烦人的广告一样刻在了孩子的脑海中。之后当孩子遇到了一些紧急情况，没有时间认真分析的时候，他们的脑子里就会冒出父母的这些"教诲"，至于凭什么认为男孩子或女孩子不该那么做，家长们自己也不清楚。

这么"教诲"的结果是，男生或女生的举止会开始符合社会期待。同时，孩子还容易产生一种自卑感。他们明白，男生不能这样做，女生不能那样做，所以会觉得"我既不是真正的男生，也不像真正的女生，我很自卑"。然后，拜亲爱的父母所赐，孩子长成了一个不快乐的、复杂的成年人。由于自己的无知，给孩子带来了自卑情结，如果这些话是出自无德的老师之口，我尚能理解，但如果是慈爱的父母们说的，那就是双重罪过了。

◎ 第七句　别生气了，都是小事

想象一下，你的孩子遇到了问题，受到了惊吓——他的小仓鼠不见了，或者爸爸不小心把塑料小马玩具踩坏了——哭了起来。此时父母说："你又怎么了，真是无理取闹，爸爸忙着呢，其他的都是小事。"你说这些话，说明你对一个重要的假设有误解，这个假设，我们之前已经说过：家长们觉得，孩子们不会有什么大事。

孩子的问题总是很严重。试图让孩子相信自己的问题不算什么，就是让孩子接受自己的卑微。

父母对孩子的问题表现得漫不经心，可能会从此失去孩子的信任，就算未来孩子遇到了真正严重的困难，也会对父母守口如瓶。

如何正确应对？比如说，女儿有问题了，这时称职的父母会维护自己女儿，他们怎么说都不重要，重要的是让女儿知道：第一，父母在维护她；第二，她的问题解决了。

假设男同学剪了她的辫子，有些家长会说："别生气了，没什么大不了，耳朵没事就行，我也挺忙的。"女孩惊讶于父母对她的不关心，也为没人保护自己而难过。

在这种情况下，父母应该怎么做呢？如果爸爸对此漠不关心的话，妈妈应该给爸爸好好上一课，警告他如果现在不帮女儿解决问题的话，就把他赶出家门。他不该让自己的女儿受委屈，女儿是要捧在手心好好呵护的，不能对女儿说："你别太难过，这种事常有的，我以前在部队还被打过呢。"不行，白痴老爸才会对自己女儿说这种话，以至于让自己的女儿越来越自卑。

正常的爸爸会问欺负她的流氓的特征，然后去找他们，当然，用不着把他们的耳朵割下来给女儿当战利品。这样一来，女儿知道了爸爸在保护她，欺负她的流氓也会受到惩罚。如果这时流氓的爸爸也跳出来掺和，女孩的爸爸也应该和对方讲清楚，就算最后闹到了派出所，女孩也能明白爸爸所做的一切都是为了保护自己。妈妈这时也会意识到，自己嫁了个好丈夫，他是家庭的守护者，而不是只会说"算了，别生气了，没什么大不了的"的懦夫。

如果同样的问题发生在儿子身上，爸爸需不需要去找流氓算账？不用，男孩子的情况完全不一样。如果说女孩子要被保护，男孩子就要被理解。所以需要听孩子说，让他觉得他的问题已经明确了，父亲很关心他，但是问题最终还是要他自己处理。

当然，如果在孩子的生命和健康有危险的情况下，请不要回答："孩子，我明白这一切有多危险，你有多难受，但是再坚持一下。"不，这种情况已经需要严肃地介入，甚至需要报警解决问题。

如果是一些很幼稚的欺负，比如班上的坏孩子拿走了他的橡皮，弄坏了两支铅笔，就让男孩子自己处理。但他也必须信任并与父亲分担他的问题，聪明的父亲会告诉他如何应付欺凌者。儿子的问题，父亲一定要参与。

父亲一定要向孩子解释，让孩子明白，他的问题不是鸡毛蒜皮的小事，让他知道，自己曾经也有这样的问题，也被坏同学欺负过，但最后扬眉吐气了。比如父亲报名参加了摔跤协会，获得了成人组第一名，把曾经欺负自己的人揍了一顿。男孩觉得："我父亲是个英雄，在同样的情况下他做得很棒！"那孩子自己会怎么做呢？可能会跟随爸爸的脚步，也去学习拳击。

如果爸爸没有解决这种问题的经验，可以找找年轻的小辈，比如与儿子在同一所学校念书的侄子，请他帮儿子一起解决这个问题。

其实，用什么方式不重要，重要的是父亲一定要参与到解决问题的过程中，让孩子感觉到父亲理解他的处境。

◎ 第八句　我要被你气死了！

"你这么做简直要了我的命""妈妈要被你气死了"等说法也是一样的，说了这几句话之后，孩子就不再真的把父母当回事了。因为他们知道，这对父母的健康根本没有损害，这只是威胁，夸张的强调而已。还记得狼来了的故事吗？牧羊人一直用"狼来了"的谎话糊弄村民，等狼真的冲上来袭击羊群的时候，没有一个人赶过来帮助他，因为他们已经不相信他说的话了。

事实上，如果父母一直用同样的方式吓唬孩子："哎哟，我心绞痛了。"那么等到真的心绞痛的时候，孩子就会觉得父母又是在骗自己。

现代的心理学家说："请记住这些寓言故事，不要乱用，否则孩子不仅真的会对你的健康漠不关心，还会对周围的所有人都变得冷漠。"

◎ 第九句　我们没有钱买／这个对我们来说太贵了

说这话时，父母把孩子卷入了家里的经济问题里，但在长大之前，孩子根本不应该参与到其中。

孩子是如何理解这句话的？"好吧，也就是说家里一有钱，他们就会马上就给我买。"但父母的话并没有包含这层意思，孩子自己理解错了。

所以，要认真给孩子解释"不买"的原因——非必需、不好看或者不好玩。需要告诉他们："我们不买这个，因为你已经有类似的东西了。"或者说："我们不买这个，因为这个东西没什么用处。"

当孩子想要什么东西，但又不可能得到的时候，一定要给他们解释得不到的原因。比如一个孩子想买一个非常幼稚的电脑游戏，父母若告诉他家里没钱，他就会一直坚信，如果有钱，他就可以拥有那个游戏。其实，他更需要知道的是，他没有得到那个游戏是因为它太幼稚了。请父母告诉孩子你做某个决定的具体原因。

◎ 第十句　看看别人家的孩子那么优秀，你呢？

拿自己的孩子和某个人做比较，尤其是以这种很负面的方式，会给孩子留下难以消除的自卑情结，这些标签轻视了孩子，也摧毁了他们的自尊心。更有甚者，你给他们贴了什么标签，他们就真的变成了那个样子，因为你一直在暗示他们会变成这样。

而且，你之所以给孩子贴上什么标签，是因为这些标签一直在你心里挥之不去，反映了你自己的内心。

七句话，最可能让孩子成为失败者

除了不合格父母的十句口头禅，还有一些话也可能使我们的孩子变成失败者。如果你想让自己的孩子快乐和成功，无论如何也要把这些话从自己的词汇库里踢出去。

◎ 第一句　我在你这么大的时候，已经知道怎么做了！

你们的父母有没有说过类似的话？一定有。那你有没有对自己的孩子说过类似的话呢？我想答案也是肯定的。大人总是想通过这种方式刺激和引导孩子，比如到了这个年纪应该长六颗牙齿，比如同龄人已经开始去上少年班了，等等。

这些话通常出自妈妈口中，因为她们很喜欢在一起相互交流，"我家孩子牙齿已经长出来了""我家孩子已经换牙了"。我们想以此鼓励孩子不要落后，但事实上，当我们用这种方式强调孩子在某一方面落后的时候，其实是在强调父母自己的优势。我们让孩子觉得对于家长来说轻而易举的事情，而他却做不到，也就是说，他有缺陷。在孩子的理解里，这句话的潜台词是："我们的孩子可能有点儿问题，你看在他那么大的时候，我们已经可以……"

妈妈们似乎清楚父母和孩子不是敌人，但不知为何却总是和孩子斗气。孩子的理解能力只限于理解字面意思的阶段，如果你告诉他们，你在他们那个年纪的时候做得更好，孩子得到的没有激励，往往只有自卑。

孩子从最亲近的人那里得到的，理论上应该是鼓励，但实际上父母却对孩子进行贬低，指出了他们的缺陷。

如果你真的想帮孩子，给他们讲讲自己在同样年纪时遇到的困难，以及最终是如何解决的吧。

如果孩子有什么没做好，无论如何都不可以嘲笑他们，否则会打击他们的自尊心，这样一来，下次他再也不会向你请教和求助，也不会承认自己有什么事情做不到。但这不是什么好事，孩子不应该害怕表现出自己不会做什么。害怕承认自己不会的人永远学不到东西，因为他们一直致力于掩饰自己的不会，不让任何人发现。

◎ **第二句 不能带着，你会把它弄丢的！**

说这句话的目的是什么？父母提醒孩子做某事的后果，可能是想提前给他们打预防针，防止他们因为在游玩中丢了心爱的玩具而难过；也可能是想教他们不要失去任何东西。

如果你想警告孩子什么，请使用"我会怎样……"的心理战术，换句话说，需要把你的感受告诉他，比如"我担心……""我想把这个玩具留在这里，因为我怕万一丢了，你会不开心"。

接下来孩子会有两种做法，一种是听进了家长的话，说："那好吧，我们把它留在家。"第二种是："不，我要带着它，我不会丢的。"

然后等孩子把玩具弄丢了，下次妈妈再跟他们说同样的话时，他们可能就会听进去了。因为妈妈说的是她的担心，她的情绪，而不是猜测孩子的。

◎ 第三句　你没有这种能力

父母的批判往往很容易伤害孩子。比如："我们家谁最没有音乐天分啊？""谁那么爱运动，却连单杠都上不去？""当然，你肯定成不了画家。"我们往往忽略了这种评价的破坏性后果。

家长的批判可以解释为他们希望看到自己的孩子是最优秀的，所以故意用"激将法"激励孩子，但事实往往不是这样，山外有山，就算一个方面出色，孩子也不可能做到在每个方面都是最出色的。

如果孩子没什么特别的才艺，也没有在父母看来很突出的能力，请不要给他们太大的压力。

如果孩子不具备某些能力，而你又希望他们可以拥有这些能力，那么你很可能会把大部分的时间用于开发其弱项，同时不再把时间花在加强其长处上。

当然，每个孩子都一定有自己的强项和能力。

美国演员杰森·斯坦森一直亲自上阵完成电影中的动作特技，某次在接受采访时他被问道："你会不会针对自己的弱点去锻炼？"

"不会，我一直在提高自己的强项。"

"为什么这样做呢？"

"因为如果你一直执着于自己的弱点，你就会变得平庸。而如果你努力增强自己的长处，你就能成为一个天才。"

◎ 第四句　等你长大就知道了

如果孩子听到回答中有这句话，那么过一段时间他们就不会再问父母任何问题了。

如果你经常在互联网上收到这样的查询结果，想必你会直接更换搜索引擎。孩子也是这样做的。看到他们不再问你问题，你可能会想："那多好啊。"但事实上这可不是什么好事。孩子在父母这里得不到答案，就会转而去问别人问题。

另外，幼儿可能会因为听到这句话，而对知识的来源有一些误解，他们可能会觉得，人到了一定年纪就会自动获得知识。

"等你长大就会知道了！"

"妈妈，可是我已经长大了，还是不知道，所以你骗了我。"

其实，父母说那句话的原因，可能是他们知道这个问题的答案，但不知道要如何向孩子解释。

比如，8 岁的女孩问孩子们是从哪里来的，需要给她解释吗？是的，当然要解释。但如果你给她讲女性和男性生殖器结构的特点，那就错了。你必须以一个 8 岁孩子的认知水平来解释：爸爸把自己的能量交给妈妈，妈妈的肚子里有一个特殊的地方，孩子就是在那里长大的。而且，更重要的是，这个回答不是欺骗。

保持孩子的好奇心，激发他们对世界的兴趣，这对孩子是必要的。如果有些问题你自己也不太清楚，就要告诉他们："我也不知道，让我们一起找找答案，好吗？让我们现在上网看看答案。"你知道我和充满好奇心的孩子一起上网时，得到了多少信息吗？

"等你长大就会知道了！"这句话只会打击孩子的积极性。而父母的任务和作用应该是帮助孩子发掘这个世界。孩子现在就需要这个问题的答案，而不是将来，因为他们不会对自己说："好吧，我现在等等吧，等到了16岁我就会知道这个问题的答案了。"

◎ 第五句　你快把我逼疯了！

"你快把我逼疯了！""你快把我气死了！"这两句话其实是一样的。孩子们只能从字面上理解每句话的意思。如果哪天孩子看到了葬礼，比如爷爷去世了，他们可能会联想到，自己惹妈妈生气是在杀死妈妈，自己是一个很坏的人。

他们开始感到巨大的罪恶感，因为亲人告诉他们，自己在杀害她，或者在试图把妈妈送进疯人院。"你快把我逼疯了。"这句话听起来是这样的："你给我带来了可怕的精神折磨，已经把我逼到了心理疾病的边缘。"

说这句话，暴露了作为父母的无力和不称职，还把自己的情绪问题强行归咎于孩子。如果父母这样说话，很可能是有其他人惹自己生气了——对方也许是同事、邻居或者其他人。父母已经积累了很多负面情绪，却宣布孩子应该为此负责。遇到很多烦心的问题时，父母也把一切归咎于孩子。比如看到孩子的外套沾到了果酱，于是马上就抓狂了、爆发了。

如何避免这种情况发生？如果你感觉到自己在崩溃的边缘，

而孩子想让你一起出去走走，或者陪自己玩一下，你只要对他们说："妈妈今天很累，我想一个人待一下，让妈妈休息一个小时或者泡个澡，然后我们再一起出去玩、一起聊天，好不好？"

就像这样，最好暂缓一下情绪，这样你才不会爆炸。而且要记住，通常孩子不是导致你焦虑的理由，而是我们之前讲过的负面情绪交换生态链被打破了。

◎ 第六句　你聋了吗？

除了上面这句话，大人还经常对孩子说："你的手是干什么用的？你笨得和猪一样！"

在我们看来，这样的讽刺很幽默。但要记住：一定不能对孩子这样说！这是平等的成年人之间才有的交流方式。而孩子和你不是平等的，他们还小。

讽刺不同于幽默，不应该用在教育孩子上。

你要搞清楚什么是幽默，什么是讽刺。讽刺其实是一种情绪上的攻击。孩子可以理解幽默，但却接受不了讽刺。讽刺的发生需要一个承受对象：一个人发出尖锐的嘲讽，另一个人受着，而周围的人都很开心，因为不是发生在他们自己身上。

小说《十二把椅子》①里有一个很经典的讽刺，整个故事中

---

① 《十二把椅子》为苏联文学家伊里夫·彼得罗夫写的一篇长篇小说，多次被搬上荧幕。

最重要的情节是其中一个主人公一路上不停地开另一位主人公的玩笑，最后自己因此倒了大霉——伊波利特·沃洛比亚尼诺夫图谋杀死这个爱挖苦人的同伴斯塔普·宾杰尔。

孩子们是很单纯的生物，挖苦对他们来说杀伤力很大，会破坏良好的亲子关系，导致沟通障碍。正如我们之前说过的，孩子只能理解字面上的意思。如果你说你儿子的房间里有一个猪圈，他就会认为你在说他是猪。被嘲笑的孩子会变得孤僻、焦虑、缺乏安全感，长大后容易成为失败者。

◎ 第七句　我受够你了（你太让我失望了）

很显然，这句话是在羞辱孩子。"你太让我失望了"可以有更粗鲁的版本，比如"你这个孩子生下来真是一点用都没有"。这些话，对一个很依赖父母的孩子来说，是非常大的打击和伤害，除此之外，他们不会有别的感觉。我再提醒一下，负面情绪只能从孩子过渡到妈妈身上，再由妈妈传给爸爸，爸爸则将这种情绪倾诉给他的心灵导师或者年长的朋友。

即使你的情绪爆发与孩子有关，也请千万不要对孩子说这句话。换一种方式表达自己的情绪吧，最好说说自己的感受，比如"我很生气，我觉得很难过，我很害怕"。这些话也是在暴露自己的负面情绪，只是不会伤害到孩子。这种释放负面情绪

的方式其实不是最佳的办法，但是当你单纯地说自己的感受和
情绪的时候，后果没有那么可怕。

　　**谈谈自己，谈谈自己的感受，可以减少语言给孩子带来的
负面影响。**

破坏亲子关系的四大经典方式

　　容易对孩子起反作用的，除了上述我们可能无意或者一时冲动说出的话以外，还有四种可能会破坏良好亲子关系的对话方式。其实，这几种对话方式对成年人之间的关系也有影响。处理好人际关系不是件易事。不和谐的亲子关系往往对孩子一生都有影响。我们所有的问题都来自童年，不是我们自己做错了什么，就是别人对我们做错了什么。多年以后，我们把这些错误带入自己的家庭生活，之后又带入到我们孩子的生活中……要不要试着打破这个魔咒？

　　◎　方式一　使用反问句

　　什么是反问句？这也被称为设问句，指心中早有定论却故意提出问题，因此反问句看起来是疑问，却不需要回答。

　　那么为什么我们不能用反问句呢？因为它们有一个特别的功能。这种功能会对听到它们的人造成什么影响呢？让他们困惑，找不到方向，这种影响不仅仅作用于孩子，而是所有人，只是对孩子的影响尤其明显。孩子可能在没看懂在交流什么的情况下，不得不开始合作。

女性往往更倾向于使用修饰性问句，为什么呢？因为她们不太擅长表达和谈论自己的情绪。当无法直接地说出自己的感受的时候，她们会借助反问句这种略带抽象的东西，来透露自己的情绪。

女性害怕谈论自己的情绪，其实是社会强加的负担，在社会期待里，人们认为女性要让所有人满意。从小时候起，身边的人就在给小姑娘们灌输这种思想——父母希望她们能乖乖听话，做"小棉袄"；老师希望她们能成绩优秀。女孩意识到，想要被大家喜爱就得做些什么。

总是有人告诉女孩要打扫卫生，要洗刷碗筷，要学这学那，为以后做准备。人们给女孩灌输这种思想——她所做的一切都是为了别人——言下之意其实是，她必须忘掉自己的欲望。她们被告知，她的欲望是荒诞的、自私的、异想天开的。如果一个女人总是听到这些话，久而久之她就会开始害怕自己产生欲望，为了不让人猜到她想要什么，她形成了一个保护机制——修饰性问句。

为了避免直接谈论自己想要什么，女人们躲在这些问题后面，以为这样一来没有人会对她们进行指摘。同时，直接提问听到的答案可能不是自己想要的，反问可以避免这个尴尬。

经常有女性在讲课期间向我提问，但我给她们的回答似乎和她们想要的完全不一样。因为她们心里已经有设定的答案，但出于对意料之外的回答的恐惧，她们不得不换一种方式——反问。我经常收到女性的信，说自己有些问题，需要得到帮助，但当我满怀期待地读信件的具体内容时，又看不出她们有什么问题。也就是说，她们把信写完，把话说出来了，就已经感觉轻松了许多。

有一次我回信写道："您的问题在哪儿呢？"没想到这句话让女人陷入了尴尬，她开始紧张起来，随便编了一个问题，后来我明白了，她只是想找人聊聊而已。

对于一个女人或母亲来说，坦诚地表达自己需求非常重要，尤其当对方是男人或者男孩的时候。为什么呢？因为当一个人面对反问时，首先会思考对方想从自己身上得到什么，女性还可能有机会猜测到对方的真实想法，但男人和男生却很难。

心理学家把这个做法称为——"猜来猜去"。就像歌里唱的："亲爱的，你自己猜猜看。"然而想要猜中几乎是不可能的，反问考验的也是一种猜测技巧。

猜来猜去让男人担忧，失去耐心，同时又一头雾水，他们看来看去，也想不明白发生了什么。

经典的反问句有："我该拿你怎么办？""不知道你这个样

子像谁？""没完没了了吗？"

还有更微妙的版本，比如，妈妈说："孩子们，你们太闹腾了！"孩子们会怎么想呢？"'太'是什么意思？在说什么呢？分贝吗？"你期望听到孩子说："妈妈，对不起，我现在的噪音达到了 67 分贝，但是我们之前说好的是 47，我现在会小声一点，保证大家的安静，可以吗？"但是现实却不是这样。

孩子需要明确的指示。如果你问"你怎么这么吵啊""谁这么大呼小叫的"，这样的话孩子不会明白你想让他做什么。如果你问"你能忍受多久"，孩子更是一头雾水，坐在那儿一言不发。"你能忍受多久？"妈妈是在问一段时间吗？孩子想了一下回答："20 分钟！"实际上小家伙根本还没有时间概念，他们还不知道时、分、秒代表什么。或者是另一种情况，妈妈对孩子说："我不喜欢你那样对弟弟！"孩子愣住了，问："那我应该怎么做，怎么对他？"

要给孩子布置具体的任务，而且尽量不要使用否定语气。对"不要打弟弟"这个命令，孩子可能会有完全相反的理解。试着回答一下这个问题："你为什么要拿棍子？"你肯定会想："什么为什么？很明显——我走着走着，看到那里有一根棍子，就把它拿起来了。"孩子是真的无法理解妈妈问这种问题是想得到什么答案。

那对于"上次你也迟到了"这句批评，孩子会有什么反应？这句话是在告诉孩子，他不仅这次迟到了，而且之前也迟到过。或者问："你又准备上学迟到了吗？"这时孩子就会被未来的一些惩罚吓到。

给孩子一个具体的、容易完成任务是非常重要的。

应该用他们能理解的方式下指令。

◎ 方式二 过度解释或为自己的要求辩解

这种方式的危害是什么呢？过度解释会破坏父母的权威。

在军营里，这是大忌。如果成年人找了太多的理由或者借口来证明自己要求的合理性，会让孩子丧失热情和做事的欲望。

比如，你对孩子说："如果你去洗手，我会非常高兴，还会给你一颗糖。妈妈是为了你好，我要照顾你，让你不会因为细菌而生病。"对孩子而言，后面的解释都只是成耳旁风而已。

当然，详细的解释有时是必要的，但最好等到孩子已经开始做事了再为他们补充说明。那么给予怎样的说明呢？可以用感谢的形式："谢谢你做了这件事，这对我很重要，我非常高兴。"如果在任务未实现之前就进行说明，更像是一种道德绑架。

多余的解释会增加人的内疚感和自卑感。在14岁之前，孩子只会通过父母的话语来评估自己。

对了，男人也会通过妻子所说的话来评价自己。妻子怎样评判自己的丈夫，就会导致他成为怎样的人。当女人说自己的丈夫是猪时，很可能是因为丈夫会打呼噜。但如果女人觉得丈夫是猪的话，那她自己也有问题，因为她选了一只猪当老公，意味着她是猪的妻子，而他们的孩子是小猪。

如果给孩子解释太多，他们就会开始紧张。我自己最近遇到一个这样的情况，我儿子要独自一人乘火车，然后我开始叮嘱他，注意不要下错了车站，要做什么，不要做什么，诸如此类。儿子看了我一眼，我马上意识到问题，停了下来。儿子都16 岁了，我却在告诉他不要下错车站，这显然很可笑。

如果我们对孩子解释得太多，会破坏我们家长的威严，让孩子产生自卑心理。

对男人来说也是如此。如果给他们事无巨细地解释所有细枝末节——拿起螺丝，拧紧，然后把架子支起来，注意不要像上次那样，算了，还是我自己来拧吧，否则你又要搞砸——这些话其实是在羞辱这个男人，是在直接告诉他，他一无所长，是个失败者。女人应当告诉男人要做什么，但不要教他怎么做。

◎ **方式三　对孩子说教**

我们每个人小时候都经历过说教，这是无法逃避的。但是你要明白，小孩子并不明白道德的含义，等长大一点更不会听你说教。说来也是很有意思——9岁之前孩子听不懂说教，9岁以后又听不进说教，也就是说，在孩子的一生中，几乎没有哪个年龄段他们是愿意听父母道德说教的。

引用什么名人的话更是毫无意义，过度援引名人名言会引起不悦和抗议，同时也会丧失权威对孩子的影响力。不论父母引用的是名人名言还是民间俗语——都不重要。如果父母沉迷于权威，说教就会变成布道。

有一次，我在大街上被兜售宗教书籍的人攻击。他们很积极地凑过来，当我拒绝买东西的时候，他们说："那你可以只给我们一点钱吗？"其实他们卖的书确实还不错，但是这种方式让我不想和他们有任何交集。轻狂和试图对我进行道德绑架使他们失去了我这个潜在的客户，这些好书也错过了一个读者。

如果你仍然想给孩子一些指导，请遵循三个规则。

1.你必须具备这个能力。

2.你必须成为你想教育的人的权威，这样他们才愿意听。

3.你们之间的关系必须是亲密友好的，或者最好是充满爱的。

如果你不具备上述三项中的任意一项条件，那最好的结果也只能是说教无效，而最差的结果会适得其反。

当我们想找人聊聊，谈谈真理时，每两个人中就有一个人把自己当作家庭心理医生，给别人指点迷津，对别人喋喋不休。

我有时也会开玩笑说："如果低于一百美金一小时，千万别给人提建议。"为什么呢？如果他们不愿意给你钱，意味着他们根本就不想听你的。如果他们不想听你说话，那你谈来谈去还有什么意义呢？要么是你能力不合格，要么你本人对他们而言不够让人信服，要么就是压根没人想和你交流。

结论：说教是行不通的，在任何时候都是这样。

◎ 方式四　真情流露或者试图操控孩子情绪

人类之间的情绪交流是依照某种机制进行的，比如，你做了这个，让我觉得怎样，而我想要得到的是什么什么。这是夫妻之间和朋友之间交流时的正常模式——我想要什么，你做了什么，我又会因此有什么样的感觉。

但这是两个平等的人之间正确的交流方式，他们可能年纪相当，或是一个年纪较小的人与一个更年长的人，但一定是身份平等的。这种方式仅适用于与我们所依赖的人沟通。

但反过来却行不通。孩子可以用这种模式和母亲交流，母亲却不可以这么对孩子沟通。正如我之前所说的，父母无权把自己的情绪灌输给孩子。

我们把这种模式用在孩子的身上不仅无效甚至有害。因为孩子比我们年轻，尚需要我们的照顾。我们不能把自己的问题转嫁给比我们年轻或者是依赖我们的人，他们尚且无法承担和消化大人的这些负面情绪。如果我们告诉孩子"你这样做，我会很高兴，但你那样做，我会很难过"，无形之中，孩子开始为你的情绪和感受负责。

分享你的心情，而不是快乐本身。

即使是积极的情绪，也不应该对孩子全盘托出。不要把与他们无关的情绪丢给他们。比如今天你成功签订了合同，或者只缴了两百卢布而不是五千卢布的违章罚款，不要忙着高兴地告诉小孩子，你可以带着你的好心情参与他的生活，看看他今天拼了什么恐龙，陪他玩会儿，让他也有好心情。

同理，丈夫也应该只与妻子分享那些与她有关的情绪。你回家后说自己的工资翻了两倍，这当然和妻子有关，所以她很高兴。或者她想让你买一个新的沙发，你买完后，她很高兴，因为这也和她有关。但是如果你兴奋地告诉她，周末你要和朋友去山上的猎人小屋，然后一起打猎，那就不关她的事了，她脑海里只会浮现你那两天和狐朋狗友喝酒的照片。所以，让你高兴的事不一定能唤起你妻子同样的情绪，因为与她无关，你的快乐可能还会扫她的兴，然后很快也会破坏你的好心情。

最坏的处理方式是把自己所有的负面情绪都归咎于孩子，但你的内心真的这么认为吗？你可能只是为了教育一下孩子，并没有细想其他的，孩子却会因为你说的话感到内疚。

有个单亲妈妈控诉孩子拖累自己。

但我想说，是的，你一个人抚养孩子，但孩子又有什么错呢？这完全是你的错啊，你当初没做对选择，给自己和孩子爸都带来了痛苦。何况，离婚的时候法院把孩子判给你，是因为你自己坚持想把孩子留在身边。在孩子长大之前，是谁天天陪着你，让你不感到孤独的呢？

她可能会说："但我为孩子奉献了青春啊！"

慢着！话虽如此，但这是你自己选择的。难道是孩子求着你，让你一个人带着他，不再嫁人的吗？还是他说了，如果家里再出现别的男人，他绝对不会原谅你？

这样控诉自己的孩子，很莫名其妙，也很可怕。

还有一种说法，也是对孩子的控制："你一定要好好学习，妈妈只有你一个依靠！你以后一定要养妈妈啊。"从小到大一直向孩子灌输这些信息，难怪孩子变得郁郁寡欢。

他们还那么小，承受不了这么多，更不能养家糊口，但是潜意识里他们会想："奇怪，为什么没人愿意养她，为什么所有人都离开了她，只剩下我和她？"于是，他也开始疏远，早早结婚，以求尽快离开母亲。之后，当他的妻子提出自己想要什么的时候，总会得到他的这种答案："你为什么要这个？为什么又找我要呢？"在这个成年人看来，眼前的不是妻子，而是那个一而再，再而三地对他说自己供他吃供他喝的母亲。

爸爸们也喜欢把情绪转移到孩子身上。妈妈工作上出了点麻烦，回到家冲爸爸发了一通火，然后爸爸一个人喝了点酒，开始翻看孩子的成绩单，或者直接把孩子叫过来，问："你说，我是坏爸爸吗？我可是给你买了个篮球！"

孩子吓坏了，忙回答："是的，爸爸，你给我买了个篮球。"

"来，跟爸爸说，你还想要什么？"

"爸爸，我只想去睡觉……"

"别，陪爸爸说说话！爸爸心情不好！没有人爱爸爸……"

其实，这时候爸爸应该及时停下来。爸爸在变老，而儿子正在长大，等孩子长到了16岁，那个时候爸爸如果再把他拉到厨房，强迫他听自己诉苦，就可能被他一拳打倒。

情绪操控的教育方法会削弱父母和子女之间的联系，甚至彻底断绝亲子关系。

有一天，孩子宣布"我再也不想见到你"，便离开了。如果孩子离家出走或者早婚，说明作为父母的你们让他们失望了，意味着你们"成功地"用这四种方式搞砸了与孩子的关系。

九种错误方法造成孩子不听话

　　父母和孩子之间最大的问题是，父母不听孩子说话，孩子自然而然也不听父母说话。哪怕父母说得头头是道，反复强调一千遍，也无济于事，孩子根本听不进去。

◎ 方式一　缺乏与孩子的眼神和肢体接触

　　如果你想让孩子听你说话，请看着他的眼睛。因为孩子只能专注于一件事——他觉得有趣的事，而不是重要的事。如果你想对孩子讲一些重要的事情，而此时他们的兴趣还停留在其他的事情中，需要先把他们的注意力转换过来。

　　对孩子说话的时候，请确保孩子看着你，牵着他们的手同他们说话，这样一来，孩子一定会听到你说的话。

　　其实这种方法也适用于男女之间的交流，男人也很难把注意力从有趣的事情切换到重要的事情上面。如果一个男人躺在那儿看书，无论女人此时对他说什么，他都听不进去，哪怕他放下书对女人说："好，亲爱的。"他也只是暂停了一下，注意力并没有转移到对方说的话题上，他装作很认真地听着，实际

131

上并没有听进去。男人也不擅长从大脑右半球活动切换到大脑左半球，女人和他说话，他听着，点点头，等女人一走开，他又拿起书全然忘记了对方刚刚说过什么。所以，如果妻子有话要同丈夫说，请拉着他的手，看着他的眼睛，让他把注意力集中在自己身上。

对孩子也一样，如果让孩子把你说的话重复一遍，也有利于他们集中注意力。因为让一个人（不仅仅是孩子）重复一遍别人对他说的话，他就会把这些话当成是自己的想法，比较容易接受，因为这是从他自己口中说出来的。不要试图把自己的想法强加给孩子，让他们复述一遍，他们就会把你的想法当作是自己的。

如果人们拒绝眼神和肢体接触，一般意味着有大问题，尤其是在西方社会。在俄罗斯，如果看到两个男人手牵手，我们一般会认为他们是同性恋，但在印度男性朋友拥抱和牵手却是司空见惯的，老实说，放到三四十年前，俄罗斯男人也是可以那样做的，牵手拥抱，但如今我们却不可以。

有一回，我一个朋友跟我说一件有意思的事，说着说着突然拉住了我的手，我立马紧张了起来——他什么意思，这是要干什么。之后有段时间我几乎没怎么和他交流，直到我发现，对他来说拉一下男人的手很正常，没什么特别的意思。现在我们两个家庭关系很好，他是个非常好的人，有问题的不是他，而是拉一下手就怀疑他别有用心的我，牵手没什么问题，但是需要慢慢习惯。

◎ 方式二　同时提出多个要求

你是否经常给 5 岁以下的孩子布置任务，尤其是把好几个人物放到一块儿讲给他们听？比如，进屋，脱鞋，洗手，坐到桌前。

女性很容易完成连续的任务，男性能完成其中的百分之五十，而孩子根本做不到。他们缺乏一个机制来帮助他们同时记住好几个任务。

给孩子，尤其是幼儿安排任务，需要换一种方式。最好是像这样告诉他们："进屋吧"——他进来了，"来，把鞋子脱了"——他脱完了，"去把手洗了"——他洗完了，"坐到桌前来"——他也坐好了。

这样把要求一步一步地说出来，孩子会觉得没问题，如果你一下子要求他们做好几件事，孩子一定会手忙脚乱。他进来了，但忘记脱鞋了，或者鞋子脱了，又忘记洗手了。妈妈看到孩子没做好，马上开始歇斯底里："我已经告诉过你了，你怎么不洗手呢？"其实只需要换个方式，把复杂的任务分解成好几个简单地告诉孩子，就能解决这个问题。对了，这个方法也适用于和其他人，尤其是和男人的沟通。

◎ 方式三　间接指出问题

女性在与他人或孩子交流时，往往不会直接提出具体问题，而是通过某种迂回的方式，比如对孩子说："你还要在水坑里待多久啊？"如果是爸爸，可能完全不会这样，他们会直接说："快从水坑里出来！"孩子听到马上就明白了爸爸想让自己干什么。而对于妈妈的问题，孩子则会想："还要多久，我才4岁，我不认识数字，也不知道怎么确定时间，这个问题该怎么回答？"但当孩子还在思考怎么回答问题的时候，妈妈已经开始尖叫了："你傻了吗？没听到我在问你吗？"其实孩子听到了，而且他正在思考妈妈刚刚说的话。

妈妈还会换个问法："你想干吗？你喜欢穿着脏鞋走来走去是吗？"孩子听完想："我喜欢穿着脏鞋走来走去吗？我穿脏鞋子有什么感觉？我要怎么回答妈妈？"

为什么会出现这种情况？这是女人的天性，她们说话的时候习惯用潜台词。请注意，女人之间的对话往往都有潜台词。但对孩子和男人讲话需要说清楚、讲明白。女人之间可以随心所欲地交流，因为她们可以理解彼此，可以识别任何潜台词。

例如有一次，我坐公交车偶然听到两个女生的对话，我完全听不懂她们在说什么，但她们却完全明白对方的意思。

男人听不懂潜台词，但是，在接下来 15 年的家庭生活里，他们可以训练自己的理解能力，再碰到妻子问："喂，有人想吃东西吗？"他们立马就能明白，女人在叫大家过去吃饭，其实不能说他们完全掌握了女性的潜台词，但是起码在这种问题上他们已经被训练过了。

我给男性朋友们提一个建议，在和女性沟通的时候，尽量别让她们从你的话语里找到任何潜台词。比如，千万别和她说"也许吧""不知道，我不太清楚"，对这些话，女人们可以有很多种理解，还会自己揣测，添油加醋。

另外也给女性朋友们一个建议：如果你和男人交流，首先你一定清楚，男人是找不到你的潜台词的，所以用男人能听得懂的语言吧，别说什么带内涵的话。

当年，美国和苏联合作开展空间探索项目，美国"阿波罗"号宇航员和苏联"联盟"号宇航员一起进入太空，问题来了，你知道他们使用什么语言交流的吗？答案出乎意料，苏联宇航员说的是英语，美国人说的是俄语。

与人沟通的时候，尽量用对方能听懂的语言，所以女人在和男人交流的时候，应该尽量用男人的语言，而男人同女人说话的时候，也应该适应她们的语言。

而孩子是只能理解字面意思的。当他们和大人说话的时候，也只会用浅显的表达，因此，在与孩子沟通时迂回的、间接的暗示是行不通的。

◎ 方式四　啰啰嗦嗦

啰嗦也是某些女性的特点，这源自女人的天性。她们需要找人倾诉自己的问题。如果她们不知道跟谁说，就会把这些一股脑儿说给孩子听。她们一直说一直说，期待着有人能理解自己，好好听她们说话。

举个例子，有一个家庭，成员有爸爸、妈妈和一个4岁的儿子，儿子在床上蹦来蹦去，大喊大叫。他喜欢跳来跳去吗？很显然喜欢。但他这样会不会把大人惹毛，毕竟，这么做还是挺危险的？

父亲会对他说什么呢？"快从床上下来"，一般来说，说这句话就够了。如果说第一遍孩子没听懂，爸爸会提高嗓门，孩子意识到可能的后果，马上就爬下来了。

妈妈一般会怎么处理呢？"帕夫利克，别再跳到床上去了，这是很危险的！帕夫利克，你忘了自己上次跳下来摔了一跤，疼得呼天喊地了吗？你再跳，这回万一撞到脑袋，摔个脑震荡，就得叫救护车了，你这样真的很容易磕磕碰碰，摔断手脚。"

孩子还在上蹿下跳，真正听到的就"帕夫利克！帕夫利克！"一句，这个妈妈这段话犯了哪些错误呢？

第一，信息太多了。

第二，提起孩子过去犯的错误——千万不要强调孩子犯过的错误，这是禁忌。

第三，用未来的悲剧吓唬孩子，但 4 岁的男孩并不在乎任何"万一"，因为他不太会记得发生在自己身上的事故：摔倒了，爬起来，很快就忘记了。

父母们应该如何正确地处理这种情况呢？不必歇斯底里，也不必苦口婆心，让孩子继续跳。家长们要明白，你无法改变孩子的行为，但是你可以给他换一个环境，只需要走上前，牵他去别的房间，给他一些别的好玩的事情做，转移注意力。

你觉得他会不会一边玩着玩具，比如魔方，一边还嚷着要跳到床上去？不会的，孩子不可能同时做几件事，你把他带到了另一个房间，他在里面舒舒服服地玩玩具，父母也得到了安静。

◎ 方式五　大吼大叫

有一条铁律——提高嗓门没用！

当你提高音量的时候，你以为孩子会更理解你，实际上并没有，你冲孩子大喊大叫，只会让他们害怕。

孩子一害怕，就开始不说话，这时候，父母总以为孩子知道错了。确实，他们明白了什么，但他们不是意识到自己哪儿做错了，而是觉得自己此刻应该被关起来，静静地坐着，因为他只知道，父母骂他的时候不能说话，应该保持沉默。实际上，大吼大叫是父母试图把自己的负面情绪转移到孩子身上。

请记住：千万不能对孩子大吼大叫！

也不能吼自己的妻子，以及其他在情感上依赖你的人。你想象一下，如果一个心理医生对前来寻求专业咨询的客户大喊大叫。"什么玩意，你这只蠢猪，你已经烦了我一个小时了，快滚吧，你这个蠢货！"这个心理学家只会饿死，所有的客户都会逃离他。为什么？不是因为他不应该说那么难听的话（当然，至少不能用这么粗鲁的方式），而是因为他不能那么大声地对一个此时情感上依赖他的人说话。同理，丈夫在任何情况下都不能吼自己的妻子。大吼大叫展现的不是一个人的男子气概，而是他的软弱。

父母不可以大声呵斥孩子，这是软弱和借机发泄自己消极情绪的表现。

当然，你可以继续大声呵斥孩子，但是你要知道，这么做最终还是会报应到你自己身上。如果是我对孩子这么做了，我就会预料到自己老年的命运，并开始为养老院存钱。大吼大叫是一种负面情绪，要学会寻求正确的方式和不同的方向去排解它，比如向心理咨询师或者年长的朋友倾诉。

◎ 方式六　想在孩子身上看到立竿见影的效果

我们总希望，每次对孩子说了什么，他们都能够立马做出反应。但这只是家长的一厢情愿。妈妈想象着，当她对孩子说："瓦夏！马上把电脑关了！你天天对着电脑，脸色那么差，眼睛也都是红血丝！"儿子可以立马回答："好的，妈妈，我马上关，谢谢你的提醒！我现在去吃点东西，出去呼吸一下新鲜空气。然后接着看会儿书，可以吗？"妈妈期盼着这样的回答，但往往事与愿违。要孩子主动把注意力从他们认为有趣的东西切换到重要的事情上很难，必须用别的方式推他们一把。

那如果孩子正在做某件事，应该怎么做才能让他们停下来呢？

走到孩子身边，告诉他们，他们已经玩了很久了，应该停下来了。通常他们的第一反应会是抱怨，并会撒娇请求再玩一会儿。这时候妈妈可以应允，告诉他们"好吧，那再玩 15 分钟吧"，或者直接告诉他们，在几点的时候必须停下来。

这样一来，孩子心里就有了一个时间参考点。如果你的孩子必须9点上床睡觉，你可以提前15分钟提醒他，让他在这15分钟内结束手上的事，到时间后再提醒他"15分钟过去了哦。"这时如果孩子还想请求再玩一会儿，你可以回答："你不是答应妈妈了吗？"孩子只能点头："是的，我答应了……"当然，这个方法并不是每次都有效，但是其他方法却一定行不通。

◎ 方式七　要求本身就是在否定孩子

请记住，无论是对孩子说话，还是同其他人交谈的时候，他们都不会接受你说的"不"字。

我曾经在街头卖过书，一度对这种心理深有体会。如果你对一个人说："您不想看看这本书吗？"他会条件反射地回答："我不想。"但如果把书递到他手边说："这本书是给您的。"他反而会立马接过书开始翻阅，并且很可能会因为这本书是给他的而买下来。

孩子听到"不许踩水坑玩！不要摔门！别用左手吃饭！不许打弟弟！"时，可能偏偏会去做。

最好是避开否定词，'别把门关得砰砰响'可以换成'轻点关门'，'不许踩水坑'可以换成'绕开水坑走'，以此类推。

◎ 方式八　经常耳提面命

这意味着你塞给了孩子过多的指导，一直对孩子耳提面命："不能做这个！不要去那里！坐下！站好！带手帕了吗？袜子穿好了吗？刷牙了吗？"没完没了。有些女人对自己的丈夫和已经成年的孩子们也是这样，但这样真不太好。哪怕是小孩子也不需要一直叮嘱，你只需要给他们演示一遍应该怎么做，他们自己就会模仿你的动作。

等孩子长大了，过了 14 岁，你可以彻底放宽心了。

我们之前已经说过，在这个年纪之前，每教导孩子一次都需要向他们表达十次爱意，而 14 岁以后，只有当孩子主动请教时，你才可以教导他们。但现代人的做法却完全相反，没有意识到应该把长大后的孩子当作朋友。别再耳提面命，对孩子指手画脚了，没有人喜欢说教，虽然我们的学校甚至整个世界都是在说教的基础上建立起来的。

◎ 方式九　从来不听孩子的声音

如果孩子只能向父母乞求关注，这很糟糕，因为孩子是有权利得到父母的关注的。亲子关系中最重要的是无论孩子告诉父母什么，父母都应该把孩子说的话当作最紧要的事。

比如，孩子对猫感兴趣、对航空感兴趣，或者对电脑程序感兴趣，这时家长要认真听孩子说这方面的话题，而且不仅仅是倾听，更要沉浸其中，哪怕自己对这些完全不感兴趣，完全不懂。你要尽量去体验你孩子的生活，甚至哪怕你有四个孩子，你也需要了解每一个孩子的兴趣爱好，体验他们喜欢做的事。与其沉迷于电视连续剧和娱乐八卦，不如多了解了解自己的孩子。有时候，有些妈妈对美剧《圣巴巴拉》里主角们的兴趣和生活状况如数家珍，对自己孩子的情况和爱好却不甚了解。父母需要给孩子一座情感桥梁，让他们可以随时来找自己谈心，而不用担心会被骂或者被嘲笑。

如果你不听孩子的话，他就不会再跟你说话了。

家长的任务是仔细观察孩子对什么感兴趣，并积极参与其中。如果孩子在墙纸上画了太阳，先别急着骂孩子"这些墙纸要一百美金一张！败家孩子"，或者说其他更难听的话。

应该先给他们买颜料、铅笔、水彩笔、蜡笔和28开的素描本，让他们好好画。慢慢地父母就会发现孩子在画画上是否有天赋——无论怎样，既然喜欢，就该让他们去做。

如果你希望孩子可以主动找你问问题，你一定要经常听孩子说话。如果你看到孩子最近在玩什么电脑游戏，你要去了解一下这个游戏的内容，自己也试着玩一下，毕竟孩子的电脑是父母买的嘛，你可以走过去问孩子在玩什么，游戏规则是什么，等等。

孩子应该对生活充满兴趣，父母的任务是发现孩子的兴趣在哪儿，而不是给孩子灌输自己的兴趣，比如每天逼孩子拉小提琴，为他们报兴趣班学这个学那个。

我儿子喜欢玩《坦克世界》①，我不在的时候，他会把自己打过的战役写下来，留给我回家看。他对坦克感兴趣，我就给他买了关于坦克的书，他对飞机感兴趣，我又给他买了关于飞机的书，他后来又对狗感兴趣，我便给他买了一套狗狗的百科全书。我还给他买过各类书籍，包括健身、潜艇、维京人、印第安人和护卫舰。

他对坦克的兴趣浓厚，这种状态持续了两年，他现在是玩《坦克世界》的高手。我也对坦克了如指掌，甚至可以写论文了，我知道什么是推进系统和什么是防护系统，虽然我没有玩过一次《坦克世界》，但从理论上说，我的水平已经在九级到十级之间了。为什么？因为我每次回家，一坐下儿子就会走过来和我聊天，讲坦克，讲护卫舰，讲他知道的一切。后来他说他需要十袋绿色的橡皮泥，我满足了他，然后他将橡皮泥捏成了不同军队的士兵，现在我连各类制服长什么样都知道了。

我为什么要这样做呢？他又为什么会告诉我一切呢？因为

---

① 《坦克世界》是战争公司（wargaming）2010 年推出的军事网游。

我知道父母必须为孩子搭建沟通的桥梁，而且因为我总是很认真地对待他的问题，所以他也愿意和我分享，征求我的建议，哪怕有时候我觉得自己的建议有点儿蠢。当我的孩子需要真正的、严肃的建议，当他遇到我认为的成人问题的时候，他该找谁呢？还是那句话，身为家长不能想太多，虽然他现在和我讲坦克的底部装甲，但以后要是再有问题，可能就会找自己的同学或者女朋友了。

总之，家长一定不能切断交流的通道，不能对孩子说"别烦我"之类的话，你不能让孩子疏远你，因为一旦孩子疏远了你，就会去找别人。

那些看起来小却会影响孩子一生的问题

03

我猜，读到这里，想必你们脑子里已经充满了疑问："如果做了……会怎么样？""……要怎么做呢？""如果……呢？"虽然，我不能回答所有的问题，但我总结了一些在我个人看来最常见的问题。我每年有十几场讲座，大家来了以后都会写下自己的问题，你可能不太相信，其实很多人问的都是同样的问题。所以，在本书的最后一部分，我不会再讲什么理论，而是分析一些具体问题。

应该什么时候生孩子？

女人经常犯的一个错误叫一厢情愿，这体现在生孩子的错误动机上——比如，为了和别人在一起而生孩子。有些女人认为，孩子是家庭的"黏合剂"。确实，孩子会影响两个人的关系，但结果却不总是如我们所愿。就算一个女人真的用孩子留住了男人，但这能给家里带来幸福吗？不能。男人也有对策，会找到自己的存在形式，他可能很爱孩子，因此答应和孩子的母亲一起生活，但这和女人没什么关系，他不会因为孩子重新爱上女人，不会送女人漂亮的鲜花和蛋糕，他会为孩子做一些事情，但不会为女人做。

还有很多其他生孩子的蠢理由，比如"我想生一个摩羯座的宝宝"；"大家都希望我生一个宝宝"或者"闺密们都已经生了，那我也生一个"。

还有更莫名其妙的："我要逼他和我结婚！""我到了这个年纪，不生孩子还能做什么？"这是非常悲观的想法，尤其是对孩子来说。

这些情况下，女人到底想要从孩子身上得到什么？想不费力就能得到爱。因为和男人在一起，必须费心建立关系，但和孩子在一起则不需要。孩子太小了，哪里也去不了，要想跑掉，还得等上16年。所以有女人会对男人说："我不要你的任何东西，只要给我一个孩子留作纪念。"亲爱的女性朋友们，这种想法很疯狂！有女人可能会想："哪怕有一天我会一无所有，至少我还有一个孩子啊。"但是你知道吗，如果一个女人希望从孩子身上得到很多的爱，对孩子而言这是一种情感虐待。这种强迫的爱会使孩子产生性格缺陷。

在这样的母亲身边长大的男孩，内心对女性有顽固的刻板印象——女人总是索要这个，索要那个，拉着你做这做那，永远不知足。他这么想，因为从小到大他的母亲把一切都倾注在他的身上，现在期待他能回报自己。她没有个人生活，她责备儿子的时候总是说："我为了你付出了一生，把你捧在手心里，就没睡过一个整觉。"儿子顶嘴："是我要求你这样做的吗？"接着他只能听到母亲的咒骂："你这个忘恩负义的兔崽子。"

而在这样的母亲身边长大的女孩，不愿意独自生活，获得幸福。她会产生一种情结，认为自己也应该为母亲牺牲一切，于是她们一直住在一起——60岁的母亲和40岁的老姑娘。

"你为什么不嫁人啊？"

"怎么嫁，我妈妈为我付出了一切，我怎么可以丢下她呢？"

"那你什么时候才能组建自己的家庭？"

"等妈妈去世以后吧。"

相信我，这不是玩笑，这是真实事件，但我们却无能为力。

"我也试过几次，可是我结婚以后让妈妈去哪里呢？"

有这样的妈妈，当然也有这样的爸爸，有些爸爸一直躲在自己的壳里不肯出来，因为他们的妈妈很早就把他们压垮了。

如果一个女人为了绑住一个男人，不惜一切代价想生个孩子，这个愿望可能会让他们的婚姻变成一场闹剧，因为用孩子来绑住一个男人的办法是行不通的。

在这样的母亲身边长大的孩子，将来会痛苦一辈子。虽然，想象是很美好的——生下一个孩子，然后把所有的爱都给他，但你给不了他任何东西，因为你什么都没有。

夫妻决定要孩子通常是为了改善两人的关系，这是很典型的做法。有一对夫妻来找我说："我们之间的关系不太好，对彼此不了解，他不听我的话，也不爱我。"

我问："那你们打算做什么？"

"生个孩子。"

"为什么？"

"总得做点什么啊。"

我提议道："那不如扔手榴弹咯，比如丢进马桶里。"

"那样有用吗？"

"当然没有，但总得做点什么，是吧。"

你要明白，如果真的必须做点什么，一定不要做那些反而会让问题变得更糟糕的事。

生孩子的唯一动机应该是男女之间的爱，两个人的爱多得无处安放了，于是需要创造一个人出来接受它，出于所有其他的原因都不应该生孩子，那太愚蠢了。

为什么有些女人不能怀孕？

你知道孩子是怎么来的吗？你觉得都是精子和卵子的问题？不，孩子是上苍赐予的。如果他想赐予你孩子，哪怕医学上认为没有可能，你也可以做到。如果他不想让你有孩子，哪怕你们都身体健康也得不到。

当然，想要一个健康的宝宝，首先你需要一个不酗酒、不抽烟、不吸毒，也没有68个性伴侣的丈夫或妻子。你需要明确地知道自己要选择什么样的人来做你未来孩子的母亲或父亲。

我们经常听说这样的事情，有人酒后乱性，生出不健康的孩子，只得四处筹钱送孩子去以色列做手术。

成年人应该对自己未来孩子的健康负责。

怎么给宝宝取名？

宝宝的名字要好听。不要给他们取"五一"（庆祝五一劳动节的含义）这样的傻名字，因为这样的名字会让孩子从幼儿园开始就备受嘲笑。要给孩子选一个没有歧义，能伴随一生的名字。

在古代，人们的名字五花八门，他们用某些成就或某项功绩当作名字。但我们生活在不同的社会，没有人会用某一场战役命名自己。

我建议选名字的时候，不要太偏离你所居住的国家的传统。但在家庭内部你可以选任意自己喜欢的昵称。

其实，人是很依赖自己的名字的，为什么过去女人结婚的时候要改姓呢？因为象征着她离开了自己的娘家，组建了新的家庭，建立了新的关系，他们成为拥有一个姓氏的新家庭。

当一个人取了一个新名字，就会把自己从过去的生活中剥离出来，忘记过往的经历、做过的事和曾经的想法，开始用新的名字过新的生活。

一开始我们可能会不太适应自己的名字，想着："它和我有什么关系？"起初名字只是一个声音，但随着时间的推移，我们的行为、经历过的事件、取得的成就会自动填充姓名的含义，我们自身也开始认同自己的名字。

名字的含义通常很丰富，修行的时候，没人会给你取名佩列兹，因为这往往是神或者圣徒的尊名。这些名字暗含了一定的责任，叫阿周那[①]的人一定不会去商店偷窃，因为人要对得起自己的名字。取名也会造成一种心理作用，有时候可以帮助人改邪归正。

很多歌手、音乐家、演员和作家都有艺名，很多名字一听起来就不像真名。不过如果你叫奥古尔佐夫，听起来就很难在创作上成功。"现在向我们走来的是著名的伊利亚·奥古尔佐夫"——这话听起来就怪怪的。若有个哲学家叫卓娅·皮佩特金娜，听起来就更不对了。我甚至都不知道取这样的名字，小时候会不会被同学们嘲笑。

所以，给孩子取一个姓和名读起来和谐的名字是非常重要的。如果你的姓氏是皮佩特金娜，而你给孩子取名埃拉斯特，那么他以后的生活会因此增加很多困难。

---

① 印度史诗《摩诃婆罗多》中正直、富有责任感的主角。

孩子不好好吃饭怎么办？

经常有人问我："孩子只吃通心粉和甜食怎么办？怎样引导孩子正常饮食？"

我的回答是——这个没办法教。孩子吃通心粉，是因为他们喜欢通心粉。家长们在选择食材时候，也不会买和煮自己不喜欢的食物，所以在他们自己看来，大人不会像孩子一样挑食，但实际上一开始家长们就是在按自己的喜好购买食物，而孩子因为太小不能自己去超市采购，只能通过父母对食物的世界做出反应。

家长的任务不是强迫孩子吃你们喜欢的食物，而是准备他们可能会喜欢吃的东西。

我儿子也只爱通心粉和奶酪，他妈妈却因为他只吃同样的东西而发愁。她经常做不同的菜式，劝他尝一尝，哪怕只是一小口——要是不喜欢，他可以马上吐掉，结果十次有九次他都吐掉了。但有一次，他很喜欢新菜式，接着我们又试了煎饼，他很喜欢；做了披萨，他很喜欢；做了千层面和土豆馅饼，他也很喜欢。结果大概是每一百道菜里有十道是他喜欢的。从此，我们一家，我、儿子、妻子三个人每天吃的食物都是分开做的，当然我们爱吃的东西也有一些交叉，但大多情况下我们的口味还是不同的。我不认为这是假斯文，也不觉得是瞎折腾，这是爱的态度——带着这种态度，你会发现你爱的人都喜欢什么。不去尝试的话，男人和小孩往往都不知道自己喜欢什么，而妻子和妈妈要做的即是给他们提供尽可能多的选择。如果他们没有表现出喜欢，也不要紧，不喜欢就不喜欢嘛。

不同于靠咸鱼土豆为生的那个时代，如今没有饥荒和食物短缺，我们有很多选择，也有更多的空闲时间——洗衣服有洗衣机，洗餐具有洗碗机，烘焙有烤箱，多出来的时间正好可以花在我们爱的人身上。

很多人可能会不习惯，但这就是积极教育，如果你强行把食物塞给孩子，命令他一定要吃掉，你培养的只是他对食物的仇恨。

如果孩子不想吃饭，那就先不吃，反正人总归是要吃东西的，过会儿他自然会说："我想吃东西了。"到那个时候，父母就可以喂他吃饭了。

需要送宝宝去幼儿园吗?

这个问题或许应该这样问:可以把"国王"送去幼儿园吗?不行,在一群都是"国王"的班级他算什么呢?很多家长说,孩子喜欢上幼儿园,如果你真这么想,那就把孩子送过去吧。但是,如果我是你,我会反思为什么他在家里这么不开心,以至于想去幼儿园。

如果自己无法给孩子好的早期教育,完全可以将孩子送去幼儿园,增加孩子与同龄人接触的机会,锻炼各项基础能力。如果母亲只是为了省事而想着把宝宝送去幼儿园,显然得不偿失。如果母亲自己都不愿意陪着孩子、花时间爱孩子,还有谁会更爱他呢?不论送到哪个幼儿园托管,都不会有人爱孩子超过妈妈。幼儿园里照顾孩子是大家的工作,他们可以很尽职尽责,但毕竟是工作,他们的爱有限,更何况那里还有几十个孩子等着他们去照顾。

有人可能会说:"我觉得我最快乐的时候就是在幼儿园的时候!到现在我家墙上还挂着保育员弗洛夏阿姨和生活老师玛丽·伊万诺夫娜的照片。"当然,我没有说在幼儿园里发生的都是坏事，确实也有好事，哪怕我提起当年在苏联部队服兵役的时候，也是能说出几个很有趣的时刻的，但这并不意味着我想回到部队或者想送自己的孩子去那儿体验两年。

幼儿园也是一样，你的脑海里只记住了两三个快乐的片段，剩下的基本都被时间过滤了，尤其是那些不好的事，你忘记了自己是如何孤零零站在角落里的，父母是如何忘记接你回家的，自己又是如何因为尿裤子或白天睡不着而挨骂的。

众所周知，想要教会孩子游泳，有两种方法，第一种是在水里托着他们，手把手地教，过段时间他们自然就学会了。第二种是直接把他们扔到水里，虽然这样他们也能学会，甚至可能学得比第一种方法还快，但孩子长大以后一定会对此记恨，哪怕他们自己也说不清在恨什么。

家长们常常担心，如果孩子不上幼儿园，后面上小学的时候可能会出现问题，但就我家孩子的情况看，并不是这样。虽然我的孩子没上过幼儿园，但他上小学期间也一切正常。

孩子上幼儿园的年纪通常是3到4岁，我们认为送孩子去幼儿园是为小学做准备。但我不明白的是，为什么他们认为3岁孩子的适应能力会比7岁的孩子强？7岁的孩子身体更强壮，情感上更坚强，心理上也更为成熟。他们不会像幼儿那样依赖和需要爱，因为他们已经得到了爱。7岁的孩子可以平静地去学校、适应新环境，你们为什么觉得3、4岁的孩子也会如此？这就好比把12岁的孩子送去监狱锻炼，只为了他能提前适应18岁后服兵役不受苦。

孩子在幼儿园里远不如和妈妈在家快乐，一个孩子，尤其是女孩，在5岁之前，需要持续的全天候的爱，她需要得到这种爱的滋养，她不需要学什么或者解释什么，她只需要满满的爱。

但这不意味着哪儿也不用带孩子去了。还是有很多不错的地方的，比如带孩子去儿童活动中心，方便的话还可以约其他快乐的孩子和妈妈一起去。通常，幼儿园的工作时间是围绕着孩子父母的，因为主要目的就是防止孩子影响父母工作赚钱，孩子坐在教室里闷闷不乐，因为他们没睡好觉，七点就被同样也没睡好的父母从床上拖起来了。所以，有条件的家庭，我还是建议妈妈自己在家带孩子。

为什么要给孩子读童话、讲故事？

对5岁以下的孩子来说，童话是非常有必要的。这个时期也是讲童话故事最重要的阶段，因为之后孩子就进入了"学生"时期，已经可以用不同的方式感知世界了，随着大脑的变化，他们开始具备分析能力。

童话是知识与爱的奇妙结合。古人深知这一点。应该怎样给孩子阅读童话故事呢？抱着他们躺在床上或沙发上。这是一种绝对的爱，孩子会感受到爱流进了内心深处。同时，他们也学会了接受童话的密码，童话既是意象，也是神秘，所有好的童话故事都是加密的，孩子接收了密码才能对童话有所领会，这个学习过程是自然而然发生的，但是学到的东西却会被永远记住。

古时候孩子们是如何长大的？有人给他们讲各种童话、传说和故事，但最后没有人告诉他们应该这样做或者不能那样做，也就是说他们没有破解这个童话故事。

他们只能接受其中的情感，孩子坐在那里认真地聆听，心想自己应该成为像阿廖沙·波波维奇或伊利亚·穆罗梅茨那样的人①，因为他们是真正的大英雄。而芭芭巫婆是个彻彻底底的大坏蛋，所以一定不能像她一样。

以后在生活中如果遇到了什么事，孩子们就会参照童话中的人物行事。我们都知道，童话故事都是假的，但其中的暗示，却能教会孩子一些道理。

没必要过分解读童话故事，当你开始这样做时，孩子就不再接收童话了，不要同他们说："小红帽和大灰狼的故事是一种隐喻，讲的是两种人物——一个不设防的女生小时候遇到了一个失败的男人，这个男人心理有点儿变态，而猎人这个形象，暗示的是我们国家的执法部门。"或者说："我们来分析一下阿廖沙·波波维奇这个人物的性格吧。阿廖沙·波波维奇是牧师的儿子，他性格孤僻，最终战胜了凶残的芭芭巫婆。"为什么要向孩子解释这些事呢？

孩子只需要有象征和情节的童话故事。《绿野仙踪》是一个非常棒的童话故事，有大量的象征，孩子只想听艾丽是如何遇见稻草人、锡樵夫和勇敢的狮子的，他们沉浸在故事里，不用和他们解释什么谁有心脏，谁又有大脑。父母要做的只是给他们读一个童话故事，在这个故事里的一切都很美好——有黄色

---

① 两人均为俄罗斯经典童话三勇士中的人物。

砖头铺成的路，绿色的城堡，神奇的国度。[①]

只有成年人才可以解读童话，可以告诉成年人，青蛙公主是善变的女人的象征，她不可能永远是公主，有时会变成青蛙，她有生理周期，所以一定不能像傻瓜伊万那样把青蛙的皮给烧了。[②]为什么伊万被叫作傻瓜？因为他不了解女人的天性，所以遇到了很多问题，后来他终于战胜了一切，带回了自己的青蛙公主。他也因此明白，每个月必须忍受一次妻子变成青蛙，因为这就是女人，在这个时期她们会释放情绪，这段时间最好让她们安静地待着，而男人只要远远看着她们就好。

但不用把这些解释给3岁的孩子听，你只要告诉他们青蛙公主的故事，等他们长大后自己会明白一切。

① 该内容为俄罗斯版本的《绿野仙踪》情节。——译者注。

② 俄罗斯童话《青蛙公主》中，公主必须戴着青蛙皮生活满三年，但有一次，在公主变成人形参加舞会以后，王子伊万将青蛙皮烧掉了，为了挽救公主，伊万踏上了遥远的征途。——译者注。

应该从孩子很小的时候就教他们读书写字吗?

孩子到了六七岁开始上小学，学校会教他们读书写字，然而有些家长想要孩子过早地学会读书写字，只是为了可以在人前炫耀："你看，我的孩子很聪明，比你的优秀多了。"有的家长期望自己的孩子是天才儿童，如果孩子没有天分，那就往他们的脑袋里塞满知识，好让他们能用博学一鸣惊人。他们让孩子坐在椅子上给客人们读叶赛宁①，他们认为，如果孩子从两岁开始把所有的知识都学会了，那么孩子在一年级的学习就会比较轻松，是的，应该会比较轻松，但这样做的目的是什么?

幼年时期的孩子还是个"国王"，让这个时期的孩子学习阅读写字会剥夺孩子的玩耍时间，对这个时期的孩子，母亲只需要给予足够的爱，而不用从这么小就开始训练他们。

现在很多人推崇各种儿童早期发展的方法，其实真正的教学都是五岁以后才开始，在这之前别给孩子压力，他们承受不住，会心理崩溃的。

---

① 谢尔盖·亚历山德罗维奇·叶赛宁（1895—1925），俄罗斯田园派诗人。

　　我上小学之前已经会阅读了，是我妈妈教我的，于是，读一年级的时候，第一个星期我一直在画棍子和发呆，之后老师开始教字母，接着教音节，最后大家终于赶上了我的进度，我们开始一起学习新知识。这样的经历让我明白，提前教会孩子阅读识字对孩子来说不一定是一件好事。

　　在做任何事之前，先问一个问题——为什么要这样做？如果你违背孩子的意愿，给他们强塞大量的知识，他们很可能会变成怪人。因为你在欺负孩子，所有被欺负过的人，之后都需要找某个地方发泄，经历过欺负或侮辱的女孩子会有很多心结，可能会成为心理医生的常客。这就是为什么监狱里都是男人，而心理治疗室里大都是女人。

如果孩子在学校遇到了不称职的老师，该怎么办？

　　试想一下，如果你们觉得你女儿的老师有些行为不恰当，该怎么办？在这种情况下，应该让爸爸去学校说明一切。只要他去了学校，所有问题就立马迎刃而解了。

　　我给你们讲个故事。有一个女孩在学校受了欺负，之后她爸爸马上去了学校。之后，学校传开了，说卡佳的爸爸是个疯子，所有人都不能欺负卡佳，也不能对她搞恶作剧，否则她爸爸会来学校找人算账。从此，孩子在学校再也没有遇到类似的问题，没人敢欺负她了，她变得很出色。我觉得她爸爸也做得很好，因为他养了个很棒的女儿。

如果孩子不想去学校，该怎么办？

孩子不可能在学校里学会一切。你是否注意到，我们从学校里获得的95%的知识都是非必要的？学校里只有很少量的知识有实用价值，很多孩子不想去上学，正是感觉到了这一点，觉得很没意思。

出现这种情况，别急着训斥孩子："那你想怎样，人生就是这样没意思，你觉得小学没意思，以后大学也会没意思，再以后工作也是没意思的。"家长一定要找一个能引起孩子内心共鸣的动机，能满足孩子的需求，刺激他们的积极性。

如果孩子不喜欢做某件事，如何激发他们的积极性呢？

赞美男孩子，如果他哪方面做得好；赞美女孩子，因为她们聪明灵巧，我们都应该爱女孩。很多人认为赞美容易把女孩宠坏。但事实上女孩只有在没人爱的时候才会变坏，更糟糕的情况下，她们甚至于会变得不像个女孩子，而更像某种不明生物。

多多赞美，同时别忘了一个原则——每批评一次，必须伴随十次爱的表达。

孩子不想上学，还有一个原因是学校布置了太多作业。你要注意别让孩子超负荷学习，不要半夜十二点站在昏昏欲睡的孩子旁边，要求孩子背书。请记住，学校生活总有一天会结束，但亲子关系会永远继续，请记住，分数没有那么重要，成绩好并不代表智商高。

最主要的是，孩子不应该一直处于压力之中。在学校里，孩子的精神是紧张的，压力是巨大的。他们肯定不想到回到家以后，压力变得更大。长时间处于这种糟糕的状态下，他们心里会想："真希望你们和破学校一起消失。"所以让孩子回家后自己待着吧，哪怕是考试前夕，最重要的也不是知识，而是让孩子别紧张。

试着站在孩子的角度想想，别强求他们门门功课都学好。如果孩子学不懂物理，就可以不选理科。即便一个孩子是个天才，但是他的天赋也可能不在物理和数学这两方面。孩子只需要正常完成学业，在高考中取得一定的分数，然后选一个自己感兴趣的专业认真学习。

孩子不想学习，总是有理由的。如果不知道原因是什么，你不能直接给他们提要求。就算直接开始惩罚他们，他们也不会继续学习。你见过几个被老爸用皮带抽了就能好好学习的人？没有，这根本就没用。

不管怎么说，孩子还是需要学知识，需要会读会写。家长要怎样帮助他们呢？当你的孩子放学回到家，你可以对他说："我想提醒你，你要赶紧做功课，不要拖拖拉拉的。"但不要等到晚上十一点，放任孩子玩了一天的游戏后，一直在看电视连续剧的父母却在半夜突然叫醒孩子："你做功课了吗？臭小子。"

"没有，我没写。"

"你为什么不能自觉一点，什么都需要我催你！"

听起来有没有很熟悉？孩子们当然不喜欢这样学习，但现实又总是这样！父母要为孩子学习创造条件，教他们如何学习。而不是强迫他们。

现代学校不会教所有的孩子，适应体制学校的孩子并不多。孩子们千差万别，能在现代学校学得非常好的只有一种人。这种孩子喜欢上学，他们喜欢那样的教学方式，学得也很轻松，一点儿也感觉不到压力，他们经常能得到老师的表扬，尤其是和那些差生相比，他们的表现真的很好。但这类孩子只占百分之三到百分之五。

剩下的人在学校里就学得没那么好了，一个班有30个人，大家都不一样，老师并不关心每个人的个性，教学都是有固定的大纲的。我们这里的学校会教学生认识蠕虫的内部构造，但是完全不教他们如何生存，如何获得健康。孩子们毕业了，实际上还是什么也不知道。

如果孩子一点儿也不喜欢上学，那就在家里教他们。买课本，父母每天自己教导孩子，然后突然有一天父母会发现，孩子已经有了数学思维。

父母无论如何都要和孩子保持朋友关系。我不是说每个人都不应该去上学，我赞成个人的决定。孩子总有一天会毕业，但父母和孩子的关系会一直保持下去。如果能做到既让他们开心满意，又能让他们好好学习，那就非常棒，让他们继续上学吧。如果他们怎么也学不进去，那就别强迫孩子继续读书了，高中毕业后，让他们去工厂干一年，之后他们就会跑来找你："爸爸，你知道最近的学校在哪儿吗？"

而爸爸回答："如果你想念书，就得晚上学习，白天继续打工。"

"为什么啊？爸爸！"

"如果我给你钱，你可能依然什么都学不到，你说是不是？合理吧，我不会再出钱让你读书了。"

如果孩子愿意自己出学费，说明他们确实准备好好学习了，而如果他们还不想学习、考不上，或者不愿意自己出钱，此时最好的办法就是让他们靠自己的努力去做一些事。毕竟不是每个人都要成为学者，也可以选择成为受人尊敬的鞋匠。

教育男孩和教育女孩有什么不同?

男孩和女孩是完全不同的。女孩子一生下来精神就已经成形了,父母只要多爱她们就好。大人应该多对她们说"你是最棒的"。不必担心女孩长大后会成为一个自我主义者或害群之马,在爱意下长大的女孩只会变成一个正常的女人。

我们已经说过,5岁之前的幼儿,不管是男孩还是女孩,都是"国王",是需要被爱、被关心的,不可以对他们说"不"。

从5岁到14岁,孩子开始进入"学生"时期,男孩和女孩都需要得到批评和赞美。但女孩需要被赞美,仅仅因为她们是美丽的天使;男孩需要被赞美是因为他们的行为——哪怕只是一个微不足道的成就,也要夸赞:"你真棒,你做到了!你已经学会爬绳子了。"

男孩需要被理解,而女孩需要被保护。为此,家长要在家里营造出一种特别的氛围,让男孩感觉到自己是被理解的,让女孩感觉到自己是被保护的。

有一个典型的例子,是关于孩子在学校出了问题的。如果8岁的儿子放学回家,妈妈发现他身上有一块淤青,应该立马心疼他吗？别，先把爸爸叫过来："孩子爸爸，快过来看看，好酷啊。"

爸爸走出来说："儿子，恭喜你成为了一个男子汉。快给爸爸讲讲，发生了什么事？我很感兴趣。"

孩子哭着回答："我被五个人踢了。"

"什么？被五个人欺负，他们是你的同学吗？"

"不是，他们是十年级的学生。"

"这根本是犯罪！明天我就去学校，然后去警察局报案！"

父亲了解了事情的原委，意识到这已经不是简单的小打小闹。所以不可以仅仅说："没什么大不了的，稍微忍耐点！体育课和劳动课老师只是简单地惩罚了你一下。"遇到这种情况，父亲得用男人的方式给儿子解释事件本质是什么、该怎么应对。

如果儿子因为一个女生和同学打架了怎么办？没关系，还是得先向他问清楚："发生了什么事？他什么时候打了你的眼睛？"

"我刚准备说话，他就打了我。"

"傻孩子，有时候不用扯嘴皮子，你要知道，先下手为强。如果你预感你们之间必有一战，不要把自己当作罗宾汉①——'只要他不打我，我一定不先动手'，生活中不是这样的。挑一

---

① 罗宾汉为英国民间传说的英雄人物，是一位劫富济贫、行侠仗义的绿林好汉。

个最强壮的家伙，出其不意地先给他脸上来一拳，然后站稳护住自己的下巴，接着揍他们。来，老爸给你示范一下。"

在爸爸给儿子上了一堂街头格斗大师课后，孩子会很激动，同时也心满意足地得到了拳击手套和拳击袋，没准这个孩子后来就能成为世界级泰拳运动员。

这才是教育男生的正确方法。父亲绝对不能这样说："孩子妈妈，孩子在学校受欺负了，你去学校看看是怎么一回事吧？"妈妈去了学校，在学校里大喊大闹，孩子站在她身边，所有人都盯着母子俩，心想："啧啧啧，胆小鬼。"从此，孩子会背着"娘娘腔""胆小鬼"的外号直到十年级毕业。

如果类似的情况发生在女儿身上该怎么办？这时候妈妈绝对不应该对她说："这没什么啊，我读九年级的时候也被同学欺负过，他们还把我锁在柜子里，但没办法，这就是生活，忍忍就过去了，不然又能怎么样。"

正确的做法是，爸爸回到家，先不纠结前因后果，立刻问："是谁干的？"然后去学校，找校长抱怨，"我女儿在你们学校被欺负了，她身上怎么有淤青呢？请给我们一个合理的解释。"或者直接找到欺负女儿的学生，揪着他的耳朵，让他给女儿道歉。如果闹得这个孩子的家长也来学校了，大家就一起把事情处理好。

过后，第二天女儿照常去上学，全班同学看着她，心想："最好还是别招惹她，因为有人会保护她。"而她感觉到自己是被保护的，很有安全感，自尊心也会得到很大的提升。

还有另一种办法，父母不用亲自出面处理问题，而是派女孩的哥哥去，告诉他："你妹妹被同学欺负了，你作为大3岁的哥哥，应该帮她教训一下那个人。"如果没有哥哥的话，甚至可以找一个高年级的学生帮忙，对他说："同学！想赚点钱吗？你们学校有一个浑蛋一直欺负我女儿，但你知道，我作为大人不便出面牵扯其中，你帮我教训他一下。"

培养男孩和女孩还有其他细微的差别，比如，经常有人问我这样一个问题："对男生的经济支持应该持续到多少岁？"很显然，读大学以前父母有义务这样做。上大学期间也要给儿子支付学费和零用钱，哪怕这时候儿子已经开始做兼职赚钱了。等到儿子大学毕业，找到工作了，就不必再资助他们了。

如果儿子跑过来说："爸爸，给我点钱，我要去酒吧。"

父母得回答："不行，孩子，你想去酒吧得自己挣钱。"

若儿子说："爸，我想带女朋友去餐厅吃饭。"

父亲可以回答："我带你妈妈去餐厅的钱是我自己赚的，你也应该为了自己的女人好好赚钱。"

"可是我还小啊。"

"如果你还小的话，那更不能独自带女孩子去餐厅了。"

这时男孩意识到，想从老爸手里拿钱带姑娘去吃饭是行不通的，必须得自己挣钱。他们会明白，爸爸妈妈会供自己吃穿，但是想要更多的话，还得靠自己努力。他们到最后必须得给自己找点儿事做，因为全世界的男人都得自己挣讨老婆的钱。于是他们开始工作，可能会找个在港口拉货的活儿，后来他们可能又觉得自己不适合干技术活儿，于是便换了工作，开始教书，一切都走上了正轨。

一定要给男孩子创造一些发展条件。就拿上大学来说吧，如果你为他们准备好了一切，那么他们很快就会习惯这种生活，也不想有所改变。请记住"生活得太舒适，男人很容易不思进取"。

如果你给儿子买好了名牌衣服、手表、汽车、公寓，那他不会努力上进的，为什么还要努力呢？他已经有了一个什么都会给他的老爸。最终的结果是，儿子整天不务正业，等自己老爸去世了才开始做点什么——这类富二代的生活方式通常都有点儿问题。所以在孩子还在上学的时候，父亲就要对孩子有所限制，当然，倒没必要把他们赶出家门自力更生，但最好不要给他们买很贵的东西。应该让男生明白，他人生中的一切都要靠自己去争取，同时，他得理解，父亲不给他很多钱，不是因为父亲小气或者不负责任，而是出于爱，是为了他好。

通常，如果父母相处不融洽，他们就会开始拿物质哄骗孩子，孩子很快发现了这一点，于是趁机向他们讨要东西，然后父母又开始抱怨孩子太不懂事，但事实却是父母把孩子变成了那个样子。

对女孩就完全不一样了。爸爸要记住，你的女儿需要被呵护，你要给她支持，尽可能让她吃好穿好，直到嫁给一个体面的人。不管她是20岁出嫁，还是25、30或者45岁出嫁，都没什么区别，女孩永远不用为任何事烦心。爸爸不能代替女儿的丈夫，一直把她们留在身边，但也不应该不闻不问，放任她们自生自灭。

女孩应该被赞美，只因为她们是女孩，因为她们美丽、温柔且善良。如果父母只表扬女孩的成绩，会让她们想："只有我获得了什么成就，才会被人喜爱。"这样的女孩长大后会成为一个很强硬的人。谁把她们变成了这样的人呢？是一直用男生的原则赞美女儿的妈妈。

女孩子需要时刻感受爱，而不仅仅是当她们在植物学课上得了满分的时候。女孩应该受到呵护，要得到家庭的支持、关爱和礼物。父母要供女孩上学，如果她们大学毕业后没有结婚，仍可以继续住在家里，不可以逼她们出去找房子住。父母要保护女孩，而女孩也应该深知这种状态会一直持续下去：父母会永远爱我，保护我。在这种保护之下，她会慢慢地寻找和挑选自己的另一半，不会匆忙地接受别人的追求。

想要解决人生大事最重要的是不能着急。女孩子不应该有这种想法："我必须尽快嫁人，因为我爸爸说要把我赶出家门。"这种想法的产生，可能是因为继父会性骚扰她，偷看她洗澡；可能是因为妈妈讨厌她，觉得自己没能再婚是因为有女儿这个拖油瓶；还可能是因为她没有自己的房间，只能睡在客厅的沙发床上。这样是不行的，女孩应该舒舒服服地生活，因为只有这样长大的女孩，才能找一个不错的男人做自己的丈夫。

在女儿还没找到新的守护者之前，父母应该继续守护她。请不要对她们说："你已经16岁了，我准备送你去另一个城市读技校，那边的宿舍里有很多男生，你可以给自己找一个老公，妈妈也是在那种地方遇见你爸爸的，我在无线电车厂的集体宿舍里认识了你的死鬼爸爸，之后生下了你，你爸爸自始至终都是个浑蛋，所以你从来没见过他。"

怎么处理孩子之间的争吵和打架？如果哥哥欺负弟弟要怎么办呢？需要教育儿子要"让着"妹妹吗？

男生打架是很正常的。如果你有两个活泼型的儿子，他们又都需要释放自己的能量，打架就是一件很难预防的事，这时候你就得组织他们干点什么了。可以给他们买好防护头盔，让他们来一场比赛。爸爸得提前对哥哥说："你比弟弟大 4 岁，如果你伤害到了弟弟，爸爸也会对你略施惩戒。所以弟弟得戴着手套打，你不用。"

如果打架的是一个小姑娘和一个小男孩，只需要分散他们的注意力——把他们各自拉到一边，让他们有别的事可干。不要打骂或责备这个男生，他以后会明白和女孩打架是不对的，只不过现在他太小了，听不进这样的教导。年纪小的男孩子无法理解，为什么他是男孩子，她是女孩子，男孩子应该这样那样……你无法跟他解释为什么男生就不能欺负女生，在这种情况下，先别急着教他们让着女生，只让他们停下打斗就好。别让儿子觉得，父母只维护女儿的利益，对他们则毫不在乎，否则他们可能会想："难道我是妈妈捡来的吗？"

当你对儿子说："因为你是个男人。"他会想："但我也是个孩子呀！"不要骂他们，也不要质问他们："你怎么能这样？"儿子和女儿一样都是孩子，都还没有长大，当看懂爸爸和妈妈的关系后，儿子才会认识到男女之间的区别。

如果是哥哥欺负妹妹，爸爸就必须干预了。

"儿子，老爸必须告诉你一件重要的事，坚决不能打女生。男人和女人，男生和女生是完全不一样的，男人不能打女人，而应该要保护她们。"

儿子可能会反驳："但你看她说了什么！"

"你要学会耐心，要学会忍让女生。我也会忍让你妈妈，我们男人身体更强壮，她们更弱势一些，所以我们要忍让。"

"但这不公平！"

"儿子，生活本来就是不公平的。"

"那妹妹要是一直招惹我、欺负我怎么办？"

"笑一笑，练好你的口才，简单地告诉她，你不喜欢她那样做，只是你不能打女生，那是懦夫才干的事。"

"爸爸，那我是懦夫吗？"

"现在的话，是的。"

还有很重要的一点是，这一切必须由爸爸解释给儿子听，而且爸爸自己在家更要做好表率，以身作则才能教会孩子让步和忍让。

儿子能看到爸爸是怎样对待妈妈的。爸爸爱妈妈，只在社会上拼搏，从不在家里吵架。在外面他什么人也不怕，但在家里他从不大喊大叫，也不会用拳头捶桌子来向妈妈证明什么，他对妈妈讲得最多的总是"亲爱的""宝贝"。

爸爸之所以忍让妈妈，是因为他觉得，包容那些依赖自己的人是有男子气概的表现。在社会上被人欺负的时候不能忍，因为在外面，男人应该做一只狮子，但在家里，男人要变成绵羊，更确切地说是"妻管严"，这也不是很容易就能做到的。

当然，如果做爸爸的在家里家外都受到压制，就没办法给孩子解释什么大道理了。如果爸爸在社会上像只小羊羔，回到家里反而当起了狮子，那样对孩子来说，爸爸其实就是一只凶恶的豺狼。

我父亲是联邦安全局的上校，但在家里，他只是我们的爸爸。我们可以骑在他身上，可以和他一起玩，他很温柔。看着他，我明白了，男人不可以欺负弱小，爸爸会让着妈妈，我自己也学会了这样做。

周围环境会如何影响孩子？

所有的父母都应该知道这些简单的规则。

如果孩子被批评包围，他就会学会指责。

如果孩子被嘲笑包围，他就会变得多疑。

如果孩子被敌意包围，他就会学会和父母对抗，和整个世界对抗。

如果孩子被愤怒包围，他就会学会伤害别人。

如果孩子被谎言包围，他就会学会说谎。

如果孩子被耻辱包围，他就会产生罪恶感。

反之亦然。

如果孩子被支持包围，他就能学会保护他人。

如果孩子被希望包围，他就能学会忍耐。

如果孩子被赞美包围，他就能学会自信。

夸奖孩子，哪怕是一个很微不足道的成就，也能让孩子变得自信，很多家长不怎么表扬孩子，却总期望他们能做出什么惊人的事，到时再好好地称赞他们。但孩子的每一个进步都应该得到表扬。

孩子被表扬了，就会想让父母也开心。孩子天生有讨好父母的需求，他们具有以下品质：

如果孩子被正直包围，他就能学会公正。

如果孩子被安全感包围，他就能学会信任，因为他深知自己是被保护的。

如果孩子被鼓励包围，他就能学会尊重自己。

如果孩子被爱包围，他就能学会爱人和被爱。

如果孩子被自由选择所包围，他就能学会为自己的决定负责。

过分表扬男孩的成绩，会有危害吗？

你说的是实话，不要过度夸奖他。当孩子取得了什么成绩时，你可以夸奖他，但你不可以平白无故地夸奖他，比如"我儿子眼睛真好看，我觉得你是天底下最帅的"等等，千万别这样，只要鼓励他去取得实实在在的成绩和成就就行。

一般来说，家长很少过分表扬孩子，但却很容易低估孩子，尤其是当家里有好几个小孩时。请记住，爱应该平等地分配给所有的孩子。如果你更偏爱最小的那个，那其他的孩子甚至你丈夫都会吃醋。这样你很容易毁了最小的孩子的一生，因为哥哥姐姐们会嫉妒他，偷偷欺负他。

为什么不能对孩子大喊大叫？

如果你提高了嗓门，就等于丧失了自己的权威。据说，餐厅的保安一旦动手打人，立马就会被取消资格，遭到解雇。因为他们主要的工作就是维持治安，防止发生斗殴。这完全适用于家长，如果他们开始提高嗓门，就意味着他们做父母做得不称职。

其实，用平静温和的声音对孩子说"我对你的表现很不满意"会更有效果。

不要被自己一时的情绪冲昏了头脑，如果孩子已经到了懂事的年纪，你可以告诉他，他的行为不太礼貌。你不用冲他吼，只需要让他知道，你对此很不高兴。

小时候，14岁之前，孩子会不断地试探自己的能力范围。由于他们只能通过父母的反应来了解这个世界，所以会制造点动静，然后观察父母对此会有什么反应。如果父母说不可以那样做，那样是错的，孩子就会明白不可以那样做。如果父母冲孩子大吼大叫，他们就会得出结论："那样做或许是可以的，但是不能让人看到，否则就会挨骂。"因为他们认为喊叫并不是正常的反应。

　　不要对孩子大吼大叫，应该多说说自己的爱，这条规则适用于任何关系。

可以打孩子吗？如果我没忍住打了孩子，事后道歉可以吗？

如果一个人打了自己的孩子，然后道歉，但之后又打孩子，这个人就是个禽兽。父母在任何情况下都不应该打自己的孩子，更不能试图用道歉来为自己辩解。

有一个真实的故事，有一天，一位父亲走出家门，看到7岁的儿子用钉子在他那辆很贵的车上画来画去，于是他气急败坏地跑上前去，一把扯住了儿子的胳膊，把他的肩胛骨拽折了。他们把孩子送到了医院，父亲随后看了看车，看到孩子写的是"爸爸，我爱你"。然后父亲就开枪自杀了。明白吗？他因为自责就开枪自杀了。

任何理由都不能作为残忍对待孩子的借口！

什么时候和孩子谈性最合适？

一定要在恰当的时间。我觉得带一个7岁的孩子去上性教育课，教他们怎么把安全套套在香蕉上是一种犯罪。孩子认为自己是从白菜里长出来然后被发现的，或者是被鹳鸟带来的，保持这种想法的时间越长越好，孩子应该尽可能长时间地相信童话。

古代的智者说："孩子越晚知道婴儿的来历越好。"这说明，孩子尽可能久地相信自己是从白菜里变出来的，并不会影响孩子的心理发展，他们一边生活在童话里，一边正常地把知识吸收进自己的世界。有的家长怕有人抢先一步告诉孩子"宝宝是怎么来的"，于是在孩子很小的时候就自己告诉他们。

如果告诉一个6岁的孩子，2500万个精子中最活跃的一个是如何和卵细胞相遇结合的，并且这一切发生在爸爸和妈妈亲密接触的过程中，孩子会感到震惊，他们甚至根本无法理解这些信息。

孩子可以接受自己是被妈妈从白菜里找到的这种说法，但有的父母却说："真是愚昧，应该告诉孩子宝宝的真正来历。"

而实际上这么做的后果往往是，孩子因此受到心理伤害！

等时机成熟了，即使你不给他们解释，他们也什么都明白了。

但如果你希望他们能带着这些问题来找你，你必须和孩子保持联系。孩子不应该害怕问父母任何问题。父母的任务是和孩子建立沟通桥梁，让他们可以没有顾虑，坦然地和你说任何事。

请不要跟他们说"不要烦我，我很忙，这些事儿等你们长大了就知道了"之类的话，如果孩子经常问你一些事儿，你一定要回答。这样当时机成熟时，他们不会害怕或羞于问你性的问题和发生在他们身体上的变化。

但如果没有信任，哪怕孩子很感兴趣，他们也不会问你性知识，而是会去问那些自己本身也不太懂的朋友。孩子会听自己爱或尊敬的人的话，请爱自己的孩子吧。

如果9岁的女儿说，她恋爱了，怎么办？ 如何面对孩子们的"爱情"？

难道你觉得女孩子在18岁以前是机器人，没有感情，一满18岁马上就会爱上一个正经男人，然后嫁给他？让我们换个角度分析这个情况，我个人在这件事里看到了很多值得赞扬的地方，唯一的不足是妈妈缺乏知识，这也正是让妈妈忧心忡忡的原因。

好的一面是，孩子和妈妈分享了自己的情感状况。但如果妈妈应对不当，就会破坏现在良好的关系，等孩子到了十四五岁，你再问她："今天过得还好吗？"回答你的就只有："一般般。"

要知道，孩子体验到一种奇妙的感觉，并愿意与你分享情绪，这是很难得的。你一定要问，她喜欢的是谁，为什么会喜欢对方。你不要忧心忡忡，应该高兴。这是个和孩子沟通、倾听她说话的好机会，不然她还能把这些心事告诉谁呢？无论是喜是忧，孩子都可以去找自己的父母倾诉。妈妈要接受这个事实，并为孩子感到高兴。

　　曾经，一个美国城市试图禁止电视剧《辛普森一家》播放，他们叫来创作人员，宣布即将停止播放这部剧。

　　主创们问道："为什么？"

　　"请理解，这部电视剧给我们的孩子们带来了很不好的影响，他们开始模仿里面的巴特·辛普森。"

　　对此，该剧的创作者回应道："为了防止孩子变成巴特，首先您自己一定不能像他的父亲荷马一样。"

　　时时刻刻对孩子耳提面命，为他们的一举一动担惊受怕，这没什么意义。但家长注意自己的言行却有意义，不要白白浪费时间，因为孩子终归会变成下一个你，你是什么样的，未来孩子就是什么样的。如果孩子的妈妈很得体，很有礼貌，9岁的女儿也会表现得很好。

怎样和孩子谈论死亡？
如何向孩子解释亲人会死去？

如果父母谈"死"色变，就无法和孩子谈论这个话题。父母自己要先明白什么是生和死，它们是如何交替的，我们从哪儿来，又会到哪儿去。每一位成年人都要找到一个答案，能够解释生死的人生哲学。其实死并不可怕，我们害怕的不是死亡本身，而是不知道死后会发生什么。

你可能在路途中，或者火车上，看见过哇哇大哭的小孩子，打扰了所有人，包括他们的父母。其实，孩子哭闹的原因是不知道自己要被带去哪里，为什么要去，要去多久，什么时候到最后一站。但火车上的成年人很镇静，因为他们知道自己为什么在这里，要去哪里，以及什么时候下车。

和妻子一起去逛街的男人也很苦恼，他们不知道妻子什么时候才能逛完。

人生也是如此。当你明白了自己为什么会在这里，将来要去哪里，以及死后会怎样，那对你而言，死亡只意味着从一个状态过渡到另一个状态，和你做过的很多其他的转变一样。

死亡不仅仅是身体衰弱的过程，更是对生命的评估。生是一场考试，死是一场评估。你怎样度过自己的一生，就会获得怎样的分数。聪明人能从一个人死去的样子，看出他这一生是怎么过的，在死后等待他的又会是什么。虔诚的人也会虔诚地死去。

如何让孩子参与家务劳动？

我们可以请孩子帮我们做家务，比如妈妈可以让女儿帮忙洗碗，或者让儿子收拾他自己的房间。但是请记住，这些原本是妈妈的活儿，孩子是在帮妈妈洗碗，帮妈妈收拾房间，因为这是她的房子，所以她只能算是"请"孩子帮忙做家务。

你不能一进孩子的房间就开始嫌弃屋里为什么这么乱，更不能说那里是猪窝，这种态度不会让情况有任何改善，听到那样的评价，孩子只会更不想收拾房间，甚至还会在坚持在这样脏乱的房间里住很长时间，因为他们的人生原则是：作用力等于反作用力。你不能强迫他们干什么，只能请他们去做。

比如，给院子松土属于男人的工作，但是可以强迫儿子去做吗？不行，因为这是父亲的责任，大人只能请儿子帮忙去做一下。

如果你需要的不仅仅是孩子帮你打下手，而是想教会他们自己做家务，比如教女儿洗碗，又应该怎么做呢？不要命令孩子跟你学——你看，拿一个盘子，然后这样洗……女孩只要看看妈妈是怎么洗碗的，对，看着妈妈，因为这属于妈妈的职责，就像给院子铺水泥是爸爸的任务一样。但是请记住，孩子的主动性很重要，孩子应该也想洗碗或铺水泥，即既想尝试做男人的事，也想做女人的事。

想让女儿学会做什么，必须让她看到某种规律：妈妈洗完碗，爸爸感谢和夸奖她，妈妈做每件事，爸爸夸奖她，送上拥抱和礼物，说："亲爱的，你真棒！"

女孩子看着这一切，明白了如果想让男人也像爸爸对妈妈那样对她，自己也得具备和妈妈一样的品质和技能。就是这样！久而久之，女孩也开始自己动手洗碗，根本不需要什么特别训练。她心里也清楚，妈妈生她可不是为了让她洗碗，而是为了让她得到爱和关怀。

如果想让男孩学会做什么，也要让他看到同样的模式：爸爸做了一些事，妈妈很喜欢。于是他明白了，为了得到同样的回应，让他未来的妻子也能像妈妈对爸爸那样对自己，必须做点儿什么。

举个例子，一位爸爸准备搭一面栅栏，他穿上工作服，系上工具包，拿出锤子、钉子、螺丝刀、锯子、射钉枪之类的东西。他说："儿子，你能帮我搭把手吗？"

"当然可以。"

然后儿子和爸爸一起出去了，儿子在那儿什么也不用做，只需要站在一旁，帮爸爸打个下手，"给我递一下钉子""给我锤子"。别让他举着板子站四个小时，然后抓狂。也别让他直接上手帮爸爸，那样只会听到爸爸一个人大喊大叫"你的手是歪的，扶正一点！"

应该是这样的——孩子可以在附近走走、看看、偶尔和爸爸说说话，甚至坐下来逗会儿猫。

妈妈此时应该做什么呢？她有条不紊地走出来，称赞道。"哇，你们搭栅栏的速度和发面一样快！真漂亮！简直是专业水准，你们太棒啦！"过会儿她又出来欣赏成果，端来水，让儿子给爸爸递上一杯，说："你看爸爸多累啊。"而儿子也一直积极参与到整个过程中。妈妈前后至少出现了六次，每次都带着表扬，而不是埋怨他们"没用的废物"。

过了一阵儿，她出来说："快点！同志们！快点弄完，晚饭准备好了，快洗手吃饭。"他们赶紧洗手，爸爸洗掉了辛苦的汗水，儿子不知道洗掉了什么，但他的确参与了劳动，他们换好衣服，坐在桌前。

妈妈又称赞他们："真正的劳动者们，你们今天辛苦啦……"经过这一天，儿子实际上已经学会了如何建造栅栏。

如果妈妈不是这样做的，爸爸的做法也不一样，孩子这辈子都别想自己建围墙了。

我自己有一个故事，我把它叫做"萨吉亚与西红柿"的故事。

我在乌克兰出生和长大，众所周知，乌克兰人的生活离不开西红柿。所以我们要种几百株秧苗，翻好土，放西红柿苗，填平土把它们全部种上。由于爸爸妈妈都要上班，所以夏天给西红柿苗浇水的活儿落到了孩子们的身上，因为他们有假期，又没什么事可做。我和哥哥轮流完成这个任务，今天我浇水，明天就是他。

你觉得我喜欢给西红柿浇水的过程吗？哪个正常的小伙子会喜欢给西红柿浇水呢？没有。所以每次有西红柿树死了，我都觉得特别开心，偶尔，如果见到它们半死不活，我还会顺手拉它们一把，这样我也可以少干点活儿。

所以我从小就讨厌西红柿，确切地说，我喜欢吃西红柿，但是讨厌看到西红柿树，我这辈子都不想再种西红柿了，除了西红柿，种什么我都没意见。换句话说，我掌握了给西红柿浇水的技巧，但完全不想再去做这件事。

最重要的不是培养技能，而是培养积极性。该怎样调动孩子的积极性呢？比如，可以像那个栅栏故事中的父母那样做，这需要所有家庭成员一起参与建设。而在西红柿的故事里，西红柿在长大，孩子们也在干活儿，但缺少父母与孩子的互动，所以我讨厌种西红柿，对我而言，直接从市场上买会轻松很多。

当我在课堂上说这些话时，有很多人提出反对意见：那也不可以让孩子去丢垃圾了？

为什么非得让孩子去做？妈妈也可以做，因为这是她的房子，家是女性娇小身躯的延伸，是她们的领地，妈妈得照看好。不过倒垃圾这件事，爸爸下班回家后也可以做。

还有一点很重要：千万不能用钱教唆孩子去做什么事。孩子捉掉了菜园子里的甲虫，从父母那儿得到了钱，这种用金钱去衡量爱的做法是不对的。等你们老了，他会有样学样把你们扔到养老院，他宁愿把照顾父母的时间花在自己身上，花钱请别人来照顾父母。

如何让孩子了解"钱"？

应该让孩子免受家庭经济问题的困扰，更不应该对孩子说："我们家条件不允许，爸爸妈妈工作这么辛苦，你怎么还能要求买健达奇趣蛋呢？"

但在孩子的成长中金钱教育不可或缺，这就是零花钱的作用。一定要给孩子零花钱，以便锻炼孩子处理钱的能力，这样他们去了商店后，就会去了解物品的价格。

当孩子明白钱可以用来买东西的时候，就可以开始给他们零花钱了，同时可以给他们一些小差事，让他们帮忙给家里买点东西，这样就能锻炼他们处理钱财的能力。

如果钱是作为节日礼物送给孩子的，他们有权按照自己的意愿支配这些钱——花掉或者存起来。有时候，孩子一时不知道怎么花这笔钱，没关系，把这个红包留着，在上面写好他们的名字和金额，过段时间，等他们有了想买的东西，钱就能派上用场了。

如果孩子能把这些"礼物"存起来，自然是好的，这意味着他们知道，不能一下子把钱花光，也不能买一些没用的东西，而应该留着钱买自己真正喜欢的。当孩子自己开始兼职挣钱，就可以停止给他们零花钱了。

如果孩子说，同学都有 iPhone，但他没有，
这说明没人爱他，怎么办？

应该告诉孩子："爸妈很爱你啊，你为什么这么认为？仅仅因为你没有iPhone吗？手机不能衡量我对你的爱。我爱你，甚至胜过爱我自己。"

你不一定要立马满足孩子所有的物质要求，孩子想要什么东西是很正常的。如果他梦想得到一部苹果手机，请告诉他："好的，我们会考虑你的愿望。"至少你现在知道了，他新年最想要的礼物是什么。虽然他现在用的只是一般手机，但或许新年他可以得到一部心心念念的苹果手机。

要允许孩子提要求和许愿，这没什么不对。不要打断孩子的要求，而应正面回应道："好的，我们知道了。"等他下次再提起这件事，父母告诉他你们还记得他的愿望，只是实现愿望的时间还没有到。

如果父母不和孩子沟通，或者孩子感觉到家长对他们的要求无动于衷，那么当看到妈妈从爸爸那儿"压榨"了什么东西时，女儿或儿子也会开始使用类似的手段。请仔细审视一下自

己，孩子会对你们提要求，你们是不是也会对自己的伴侣提要求呢？再想想，什么时候开始，在儿子心中，学校里的孩子竟然比父亲更有威信了？

孩子沉迷于电子游戏，该怎么办？

如果你家里有电脑或其他电子设备，意味着你自己给他提供了条件，难道你当时没意识到，孩子日后会沉迷其中吗？难道你以为孩子会说"爸爸，妈妈，我只玩十分钟，然后就做其他事情"，过会儿又说"好了，十分钟已经到了，现在我去洗碗，然后出去透透气"？

父母在想怎么把孩子从虚拟世界里拉出来，却没有想过让孩子掉进去的是自己。当人们抱怨孩子沉迷于电子游戏时，总是忘了是他们自己把平板递给孩子，让他们通过看动画片或玩游戏休息十分钟的。这就好比是为了让孩子好好睡觉，给他们吃鸦片，吃完了又抱怨他们染上了毒瘾。

如今，他们一整天都坐在电脑前打游戏，你又得想办法把他们从游戏中拉回来。你首先要表现出自己对他们正在做的事很感兴趣，要知道他们在网上都干些什么，玩什么游戏，游戏有什么规则，孩子现在达到了什么等级。你得亲自问孩子，只要打开了话题，你就可以和孩子沟通。

但如果你仅仅是命令他"不许再玩了"，就会导致亲子关系出现裂痕。回想一下，你还小的时候，那时没有这些电子设备，你坐在那里堆积木，如果你爸爸突然走过来，命令你不许再玩了，你心里会怎么想？

你想让孩子远离电脑，目的是什么呢？孩子对里面的东西很感兴趣，想要让他把注意力挪开，你必须给他一些更好玩的东西。

假设，家里的电脑坏了，你会让孩子干什么？我们再举一个你小时候的例子。有一天，爸爸说："今天别玩积木了，我们去观察七星瓢虫，然后画下来。"你肯定会觉得画画比玩玩具更有趣。更何况，现在的孩子还可以用专门的软件在电脑上绘画。

带他们去做些一些同样有趣、有同样价值的事情，来吸引他们的注意力，比如一起去公园骑车，去外面打篮球，去溜冰场，去野餐等。

有一次，我儿子在房间里玩电脑，我走出门开始扔飞镖，过了几分钟，他也跟着出来了，然后我们连续扔了四个小时飞镖。

孩子总要看电视，
该如何为他选择看什么，不看什么？

　　我认为家长需要管控孩子看的节目，比如，一些质量不够好的影视剧就不应该让孩子沉迷其中。孩子很容易被他们所看到的东西影响。一个人眼睛看到的，耳朵听到的，嘴里吃过的，都会成为他的一部分。

　　如果孩子什么也不挑，有什么看什么，对他们没有好处。父母一定要知道孩子在看什么，不能什么都允许孩子看，哪怕是看少儿节目和动画片也要有所节制，更不用说成年人的电视节目了。孩子看到的一切都会通过耳朵和眼睛钻进他的脑袋里，父母有责任限制孩子看什么电视节目。

男人教育孩子和女人教育孩子有区别吗？

男人和女人对孩子的教养方法一般是不一样的，父亲比较严格，母亲则容易心疼孩子。母亲更心疼自己的孩子也是理所当然的。父亲们一般只有在孩子出生后三到四年才能感觉到这是自己的孩子，而妈妈在孩子来到这个世界之前，当孩子还在子宫里的时候，就已经和孩子产生了感情纽带，她们怎么会舍得责罚这个孩子呢？

男人希望按照自己的期望培养孩子，但是，孩子能成为什么人是有天性因素的，如果孩子温和而富有创造力，就不可能成为父亲梦想中的特种兵战士。孩子的性格决定了家长的教育风格，有时候，孩子和父母的性格可能很不一样，我们必须接受这一点。

所以，教育孩子的时候请抛开自己的偏好，夫妇俩最好是能在孩子出生前就对育儿方法达成共识。

离婚后该怎样教育孩子？

有些女性担心自己上一段婚姻的孩子会成为自己新恋情的阻碍。如果男人爱你，哪怕你有五个孩子他也会接受。如果他喜欢你，而你很有风情，各方面的表现也很得体，他会爱上你身边的每一个人——包括他未来的岳母，因为她是你的母亲。总而言之，如果一个男人真的爱你，你的孩子不会成为他的阻碍。

这个男人娶了你，相当于也"娶"了你的孩子，婚姻应该建立在这样的原则上：一切你珍视的，也是我珍视的。如果一个男人对你说："我爱你，但你的孩子是别的男人留下的累赘。"那你千万别嫁给他，因为他不爱你的孩子。如果一个男人不喜欢他爱的女人喜欢的东西，他就无法让女人得到幸福。

比如，他不喜欢妻子的狗，经常踢它，女人慢慢地也会恨他。你想象一下，你想和一个人做朋友，同时你又讨厌他的儿子，你们还能成为朋友吗？你能和这个朋友吐槽"你儿子是个大耳朵罗圈腿丑八怪"或者"听说他去读技校了？不错，那里很适合他，很明显，那才是他的水平"之类的话吗？你看，带着这样的成见，两个人是没办法成为真朋友的。

婚姻中也是一样，如果女人带了几个孩子，男人就应该喜欢他们，因为他现在对他们负有养育的责任。有句谚语说："父亲就是养育你的人。"这一原则应该严格遵守。同理，如果你和丈夫上一段婚姻的孩子同住一个屋檐下，而你不喜欢他们，也意味着你并不是真的爱这个男人。

我知道很多很幸福的二婚家庭，初婚的孩子根本不是问题。孩子之所以会成为妈妈婚姻幸福和寻找新男人的阻碍，是因为她坚持要"多管管他！"有些案例中，儿子已经从部队退役回来了，她还在对他指手画脚。即便儿子结婚后，妈妈也一直插手他的生活，管教他的妻子和儿子。正是这些越界的行为而不是孩子的存在，妨碍了妈妈开始新的恋情。

有一个完整的家庭对孩子很重要吗？

完整的家庭对孩子的成长很重要，父亲和母亲任何一方给孩子的教育都是另一方所代替不了的。如果是女性单独抚养孩子，家里也最好有能够经常给你们帮忙的男性朋友或者亲戚，比如爷爷、叔叔或者外公。

男孩子最好是让男人来教，这是自然规律。仓鼠养不好狼崽，母鸡带不好雏鹰，女人教不了男生阳刚之气。

现代的男人有很多问题，根源在于他们都是由祖母和妈妈抚养长大的。

同样，爸爸也最好不要独自抚养女儿，或许，跟着你她能学会开发动机，但是这会让她很辛苦。

其实，孩子会一直观察父母之间的关系，然后再通过模仿父母的关系去与他人建立联系。这就是为什么孩子的正常成长离不开父母双方的原因，他们对任何一个孩子都至关重要，不管是男孩还是女孩。

家里只有父母一方的孩子，对世界的理解可能会有缺陷，不完整的家庭会给孩子的未来埋下隐患。

有时，有些妈妈冲动地决定和老公离婚，认为自己可以独自养孩子，但没有意识到有些东西她是给不了孩子的，这个时候她需要从生活中另外给孩子找一个男性榜样，因为孩子只能通过眼睛看到父母的"角色游戏"来学习社会的分工合作，其中父亲扮演的是男人的角色，母亲扮演的是女人的角色。

单亲家庭如何教育男孩子？

如果男孩的家庭是没有父亲的单亲家庭，妈妈一定要保证儿子和男性之间的交流不能断。首先，她不能切断孩子与父亲的联系，除非父亲真的是一个道德堕落的人。

儿子需要和父亲交流，他们需要男性榜样。

如果孩子的父亲不在了，他们应该和叔伯、爷爷或者运动教练联系，教练的专业水平并不重要，重要的是教练的男子气概能帮助男生成为一个真正的男子汉。

可以鼓励这些男孩子积极参加体育运动，在那儿他将和大哥哥们、和男人们有更多的交流。

俄罗斯没有和长辈沟通的习惯，除了父亲，孩子们不愿意和别的男人交流。这种情况我见过很多，大家都在避免沟通，因为不清楚对方是怎样的人。但是和成年男性的交流是很重要的，作为母亲，你要确保孩子的生活里一直有男性角色。

如果身边实在是没有合格的男性，你可以给孩子放一些电影，比如《斯巴达300勇士》《勇敢的心》等展现男子气概、英雄主义和进取心的电影，这些作品都有一个正面的、完美的男主人公。但不要选择那些主角酗酒和自我放纵、为了钱欺骗大家的电影。

成年子女想对父母说的话

　　他们希望父母能少管他们一些，99%的成年后的孩子都希望父母能爱他们、为他们祈祷但不要介入他们的生活。让孩子独处的父母们都有一个很棒的习惯，你不需要一直对孩子那么"好"。

　　有人问我，该多久给孩子打一次电话，应该以什么方式和他们沟通。用和朋友沟通的方式和他们沟通，打电话的时间和时长根据你和你"朋友"的双方意愿来定，而不要不顾儿子或女儿的意愿，自己一味地对他们说个不停，否则他们听着，心里可能想的却是："再忍忍吧，毕竟这是养育了自己的妈妈，应该很快就能说完了。"

　　实际上，仅仅有父母这个身份，在孩子面前并不是什么优势，他们不一定要听你的，你也可以不听他们的——每个人都有自己的生活。因此需要建立这样的印象：让大家愿意和你交流，并且觉得和你交流是有趣的。

　　我们只会和自己感兴趣的人保持交流，这是建立友情的前提，朋友之间想聊天就会聊天。"你为我工作，所以你必须和我交流，你必须把我当朋友"这样的情景是不可能实现的。这个原则也适用于维持亲子关系。